ENTERTAINMENT
娱乐

目录

CONTENTS

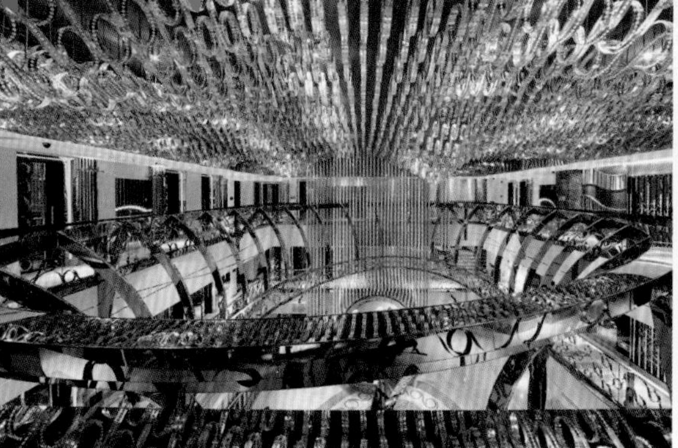

主案设计：
艾青 Ai Qing
博客：
http:// 1015244.china-designer.com
公司：
北京青田国际环境艺术设计有限公司
职位：
设计总监

项目：
天津航天城
晨曦百货
天津武警医院附属医院
上海长征医院
国际核能培训中心
国投二号总部办公楼

34号院
No.34 Courtyard

A 项目定位 Design Proposition
老北京四合院作为城市文化脉络延续的载体，以其特有的建筑构造，反映着天人合一的精神主题，蕴含了深刻的文化内涵。

B 环境风格 Creativity & Aesthetics
1、琉璃樽的庭院造景；2、水晶荷花装置垂落雅间中堂；3、空间结构，厢房突破性运用通体玻璃透视多彩纹脉；4、运用“形、声、色、味、触”五感的空间系统设计；5、采用象征吉祥美好、思辨睿智的如意纹样为贯穿空间的设计元素。

C 空间布局 Space Planning
作为四合院主体的庭院部分，三十四号院采用了琉璃荷花缸居中的布局，环绕着的流云纹白玉灯，用美学的手法将庭院中心的作为视觉主体的位置烘托出来，水云流转间情趣盎然，凭添新意。

D 设计选材 Materials & Cost Effectiveness
庭院的景深进一步的延续，东西厢房向内的一侧完全打开，经过空间解构之后的厢房采用落地玻璃，这样厢房之中的气息与院落与景致融会贯通，院落在无形之中被鬼斧神工般的拉大，变成了一个大全景；而居于厢房之中则可饱览庭院里的良辰美景。落地玻璃为中空，由LED光导刻成植物的纹蔓脉络，在室内与室外的融合部又添加了妙笔生花般的意境。

E 使用效果 Fidelity to Client
正在试营业中，该作品得到了客户的高度赞扬。

Project Name_
No.34 Courtyard
Chief Designer_
Ai Qing
Participate Designer_
Jv Qianqiu, Yi Lili, Zhang Xueqi
Location_
Beijing
Project Area_
1,116sqm
Cost_
30,000,000RMB

项目名称_
34号院
主案设计_
艾青
参与设计师_
鞠千秋、伊丽丽、张雪琪
项目地点_
北京
项目面积_
1116平方米
投资金额_
3000万元

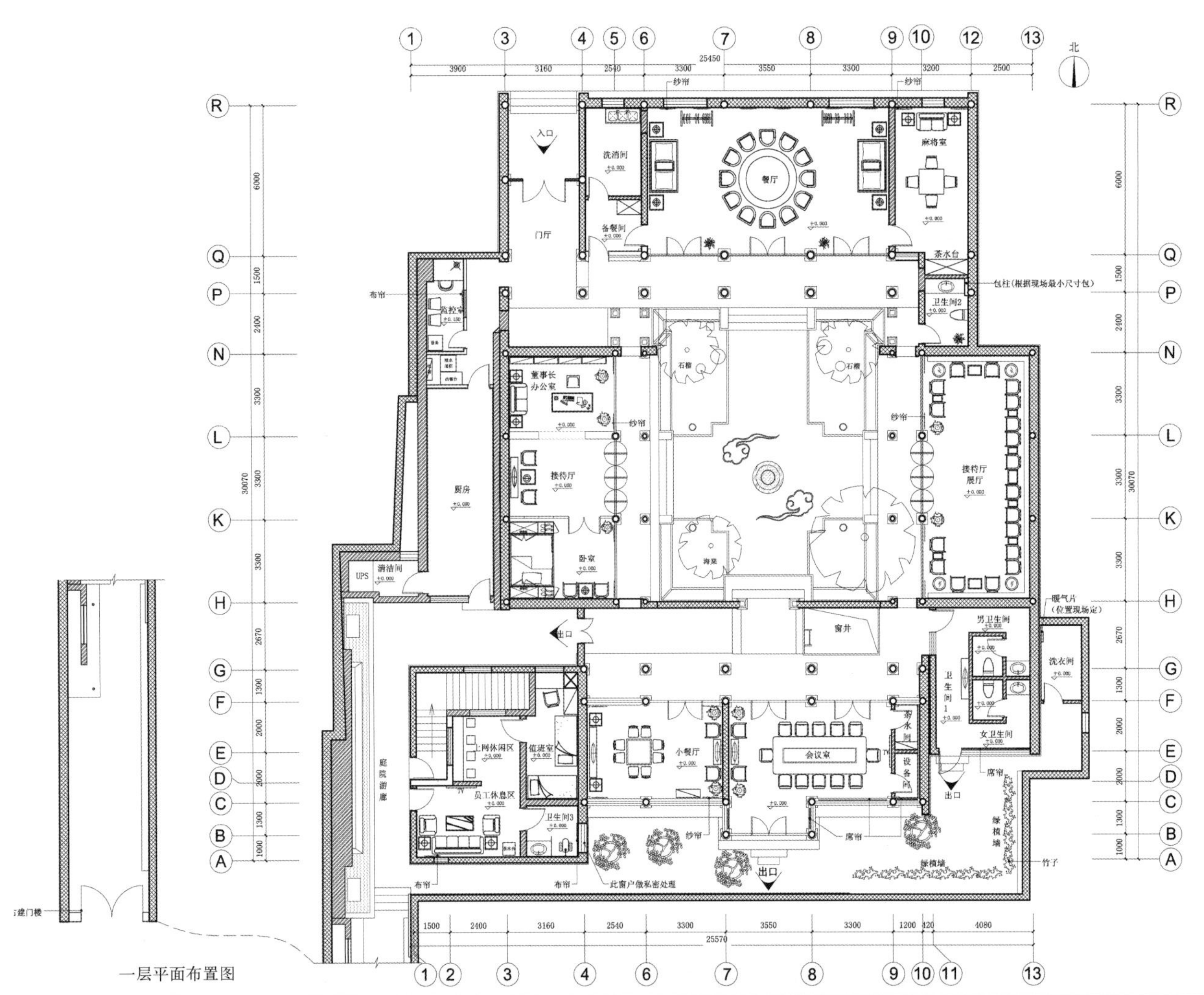
北
入口
洗消间
餐厅
麻将室
备餐间
门厅
茶水台
包柱(根据现场最小尺寸包)
监控室
卫生间2
布帘
董事长办公室
石榴
纱帘
接待厅
接待厅展厅
厨房
海棠
卧室
清洁间
UPS
暖气片(位置现场定)
男卫生间
窗井
洗衣间
卫生间1
女卫生间
庭院游廊
上网休闲区
值班室
员工休息区
卫生间3
小餐厅
会议室
茶水间
设备间
席帘
出口
绿植墙
竹子
此窗户做私密处理

一层平面布置图

主案设计：
罗文 Luo Wen
博客：
http:// 1008470.china-designer.com
公司：
广州市中柏设计制作有限公司
职位：
董事兼设计总监

奖项：
港澳优秀设计师大奖

北京异会
Element Club Beijing

A 项目定位 Design Proposition
以时尚、娱乐、休闲、文化四大元素，运用解构、重组、夸张等设计手法，为年轻世代打造全方位的玩乐主义夜生活。

B 环境风格 Creativity & Aesthetics
通过消费群体及服务人员的人流动线建立在空间的有效运营和服务流程，形成后勤区与各工作站的空间充分利用，较为容易控制把握。

C 空间布局 Space Planning
黑白经典加入跳跃颜色，灵动空间异域风情；中式牡丹雍容绽放，剔透的鸟笼与水晶灯，高贵的安静情绪；璀璨的水晶吊灯营造绮丽氛围，多切面的镜面光影折射，宛若不时变换颜面的万花镜，熠熠闪耀……

D 设计选材 Materials & Cost Effectiveness
古典墙身元素重组，黑金相衬；夸张的黑白水刀切割大理石地花被金线修饰，张扬不失细腻，黑与白的对话，跳跃的律动，引领走近光怪陆离的视觉盛宴。

E 使用效果 Fidelity to Client
每个空间均透过不同的元素展现设计的魅力，用不同的展示方式吸引人类的眼球，将空间充满时尚、休闲的氛围。

Project Name_
Element Club Beijing
Chief Designer_
Luo Wen
Location_
Beijing
Project Area_
1,000sqm
Cost_
4,000,000RMB

项目名称_
北京异会
主案设计_
罗文
项目地点_
北京
项目面积_
1000平方米
投资金额_
400万元

平面布置图

主案设计：
张清华 Zhang Qinghua
博客：
http:// 32512.china-designer.com
公司：
福州维野餐饮娱乐
职位：
设计总监

项目：
福州粤界时尚餐厅
新感觉音乐会所
金沙洲娱乐会所
天涯海角音乐会所二期
天涯海角尊之都会所
江西省南昌安义KTV
福州露丝玛丽酒吧
永修凯萨皇宫会所
艺术玻璃展厅
合肥古汤池会所
新感觉会所量贩KTV
江西万年金沙洲娱乐会所

天涯海角音乐会所二期
Phase II Of Ultima Thule Music Club

A 项目定位 Design Proposition
一期音乐会所因砖混建筑的制约满足不了众多消费者的需求，才在有较好层高的一层进行了二期的设计施工，以达到提升整个场所的商业定位。

B 环境风格 Creativity & Aesthetics
一期音乐会所以“阳光、沙滩、海浪”为设计思路，二期以“海边拾趣”作为延续，也是在海边沙滩上听着浪声晒完太阳后到海边拾贝壳的娱乐延续。

C 空间布局 Space Planning
娱乐的目的本质上就是让人放松心情，而不是让人看了很复杂很累，能简单就简单些。在二期通道运用线的高低起伏连接整个通道，让空间成为一个整体。

D 设计选材 Materials & Cost Effectiveness
选材结合主题：以米黄色大理的色彩示意阳光沙滩，以白色大理石线条高低起伏示意海浪，以大石材马赛克，贝壳马赛克示意在海边拾贝壳的乐趣。

E 使用效果 Fidelity to Client
原本以为消费者不愿在一层消费，但在二期开业后顾客首选在一层。最主要的是二期的完工开业在本质上提升了这个场地的档次，也就提升了这会所的商业价值。

Project Name_
Phase II Of Ultima Thule Music Club
Chief Designer_
Zhang Qinghua
Participate Designer_
Wang Yanming, Lin Min
Location_
Pingtan Fujian
Project Area_
1,000sqm
Cost_
10,000,000RMB

项目名称_
天涯海角音乐会所二期
主案设计_
张清华
参与设计师_
王焰铭、林闽
项目地点_
福建 平潭
项目面积_
1000平方米
投资金额_
1000万元

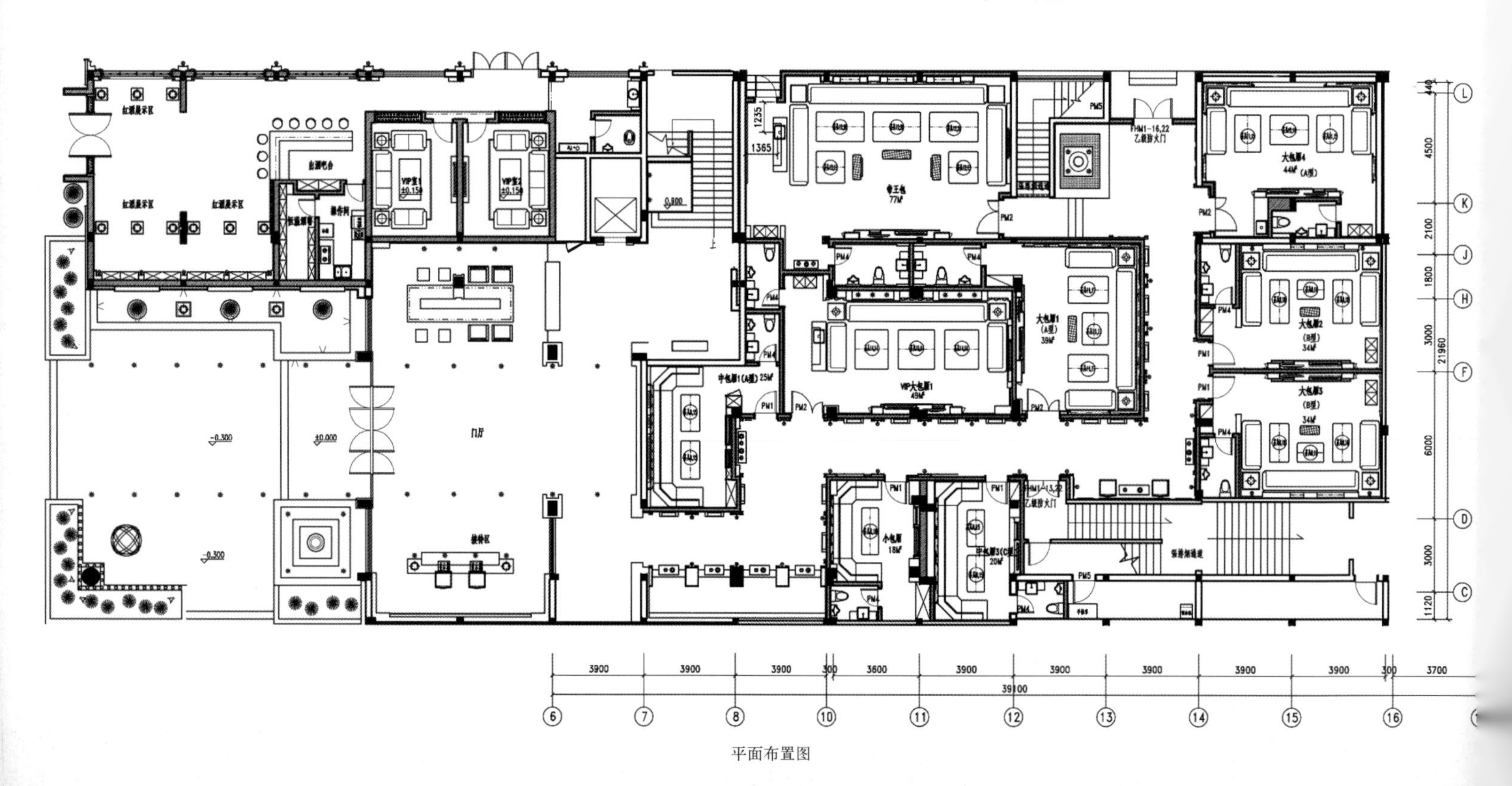

平面布置图

主案设计：
谢英凯 Xie Yingkai
博客：
http:// 190793.china-designer.com
公司：
汤物臣•肯文设计事务所
职位：
董事、设计总监

奖项：
Interior Design中文版“2010中国室内设计年度封面人物”奖
第八届美国酒店空间设计大奖（Hospitality Design Awards）夜总会/酒吧/酒廊类别设计大奖
美国星火国际设计大奖
ASID 美国室内设计师学会/Interior Design 酒店设计奖
香港•亚太室内设计大奖“设施/展览空间”金奖
第八届《现代装饰》国际传媒奖“年度杰出设计师”奖

项目：
河南郑州畅歌KTV
江苏南京Agogo
芜湖星光灿烂娱乐城
广东德庆盘龙峡天堂度假区
广东花都王子山休闲生态度假区
北京顺景温泉酒店
顺德喜来登酒店、陕西西安滚石新天地KTV

河南郑州畅歌KTV

Chang Ge KTV, Zhengzhou, Henan

A 项目定位 Design Proposition

魔方，重在“魔”而非“方”，变幻无穷。本案以魔方作为设计概念，将魔方的形体元素与衍生性质重构，营造出魔幻、多变的梦境空间，让人置身其中，在不断的探索中寻找乐趣。

B 环境风格 Creativity & Aesthetics

设计师通过把魔方“魔”的变异特性融入到空间之中，让整个空间充满了无限可能。各个空间体块之间相交、相迭、高低错落，不同的组合方式形成不同的空间格局，一步一景，充满变幻。设计师把人们内心深处的各种需求，或猎奇、或探索、或玩乐，寄托在一个个方盒内，配以村落的布局形式形成视觉的吸引点，散落在空间之中。

C 空间布局 Space Planning

走在村落里，或近观，或通过富有房屋设计感的包房窗户远眺，视线的近景、中景、远景形成多层次的交替变化，或行或停，都有不一样的景致，充满想象，彷如身处梦境之中。村落里每个体块，对于不同的人来说，都是只属于自己的记忆点，这种人与人、人与空间的互动让他们体验到探寻真实自我的感受。

D 设计选材 Materials & Cost Effectiveness

魔幻的空间能充分引起人们的猎奇之心，促使他们不断地流动探索，从而活跃空间的气氛，让整个KTV变成热闹的人气Party场。

E 使用效果 Fidelity to Client

业主十分满意。

Project Name_
Chang Ge KTV, Zhengzhou, Henan
Chief Designer_
Xie Yingkai
Location_
Zhenzhou Henan
Project Area_
2,800sqm
Cost_
28,000,000RMB

项目名称_
河南郑州畅歌KTV
主案设计_
谢英凯
项目地点_
河南 郑州
项目面积_
2800平方米
投资金额_
2800万元

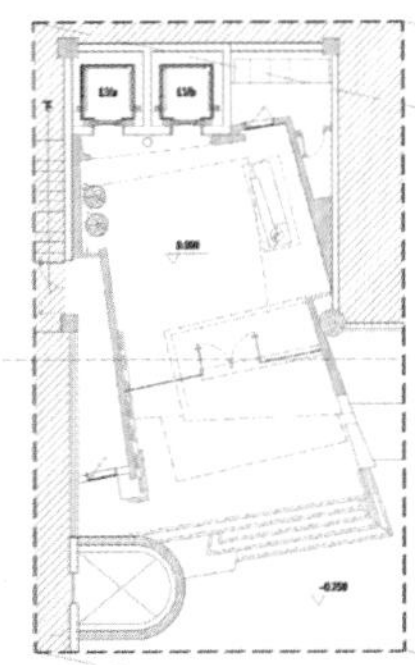

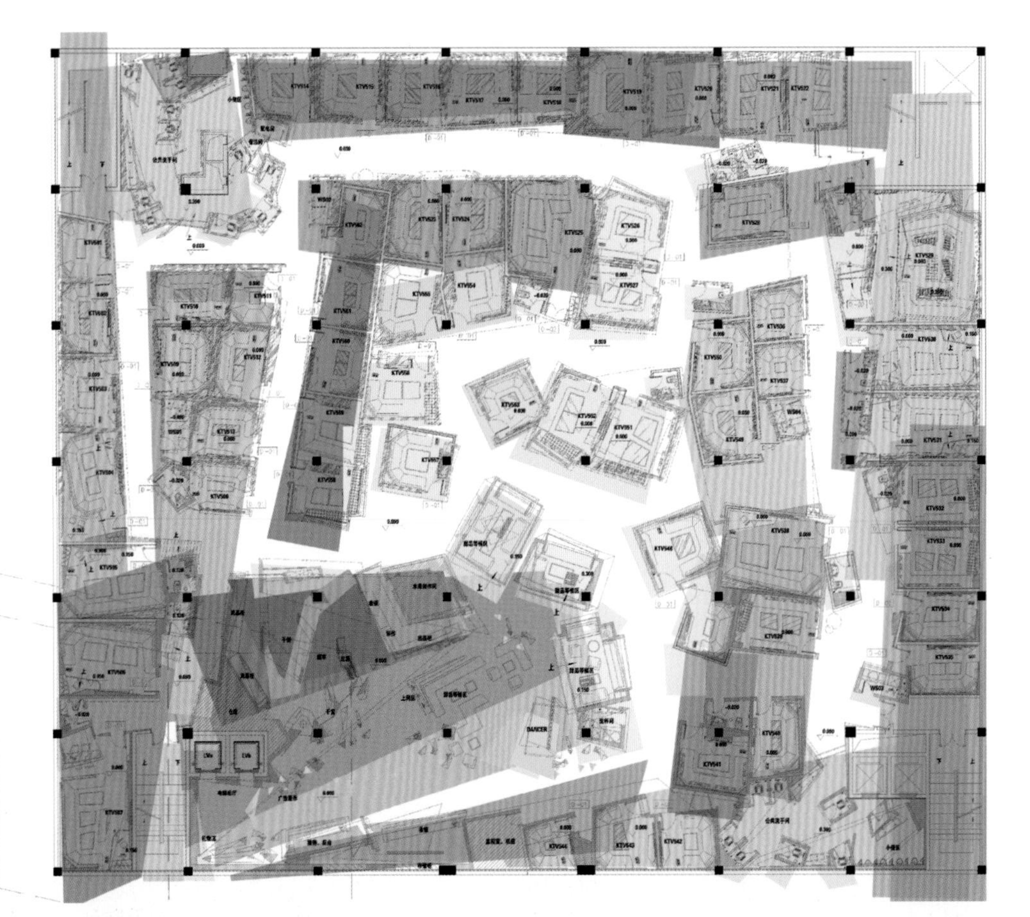

平面布置图

主案设计：
李伟强 Li Weiqiang
博客：
http:// 461741.china-designer.com
公司：
广东省集美设计工程公司 W组
职位：
总设计师

奖项：
太古仓壹号的A仓设计获得“金羊奖2010中国低碳生活设计大奖”，2010第三届国际设计美术大奖赛银奖
广州大学城新厨餐厅，太古仓壹号均获得2011上海金外滩设计大赛入围奖
2011年获得2011奥德堡“人与环境和谐”照明设计大赛银奖
2010、2011年连续两年获得广东省“岭南杯”项目技能大赛一等奖，并获得由广东省总工会，广东省人力资源和社会保障厅等单位联合颁发的年度广东省职工经济技术创新能手称号
2012年获得获得飞利浦家居照明设计大赛金奖

项目：
广州流花君庭项目
广州太古仓壹号
广州大学城商业中心
苏州吴江盛泽嘉诚国际综合会所
广州珠江帝景紫龙府

暮光之城银城红酒会所
THE TWilightsaga-red wine club of silver city

A 项目定位 Design Proposition
银城红酒会所位于广州番禺区市桥嘉立思酒店左侧，临近海伦堡等高尚住宅区。这样特殊的地理位置决定了此会所只能定位为中高端。

B 环境风格 Creativity & Aesthetics
会所内部采用精致细腻的实木栏杆，优雅华贵的仿古路灯，风格独特的英式电话亭处处洋溢着浓厚的英伦风情。

C 空间布局 Space Planning
针对基地平面呈半圆状，向心力很强的特点，在空间的视觉中心点设置了一个两层高的形象墙，并且在它前面设置DJ台与表演舞台，吸引到这个聚焦点上。保留中心地带的开敞外，其余四面都加建起阁楼，首先拉近了演员与观众的距离，也大大增加了营业面积。

D 设计选材 Materials & Cost Effectiveness
采用传统英式酒吧较多的皮革，实木和红铜造型外，也融入玻璃菱镜，黑海玉透光石，亚克力透光条等新材料丰富空间的层次感。在软装方面运用仿古路灯，英式电话亭，和留声机等道具强化风格定位。灯光的运用更是丰富多变。

E 使用效果 Fidelity to Client
开业后即得到了当地客人的青睐。

Project Name_
THE TWilightsaga-red wine club of silver city
Chief Designer_
Li Weiqiang
Participate Designer_
Tan Hanwei
Location_
Panyu Guangzhou
Project Area_
330sqm
Cost_
1,650,000RMB

项目名称_
暮光之城银城红酒会所
主案设计_
李伟强
参与设计师_
谭翰伟
项目地点_
广州 番禺
项目面积_
330平方米
投资金额_
165万元

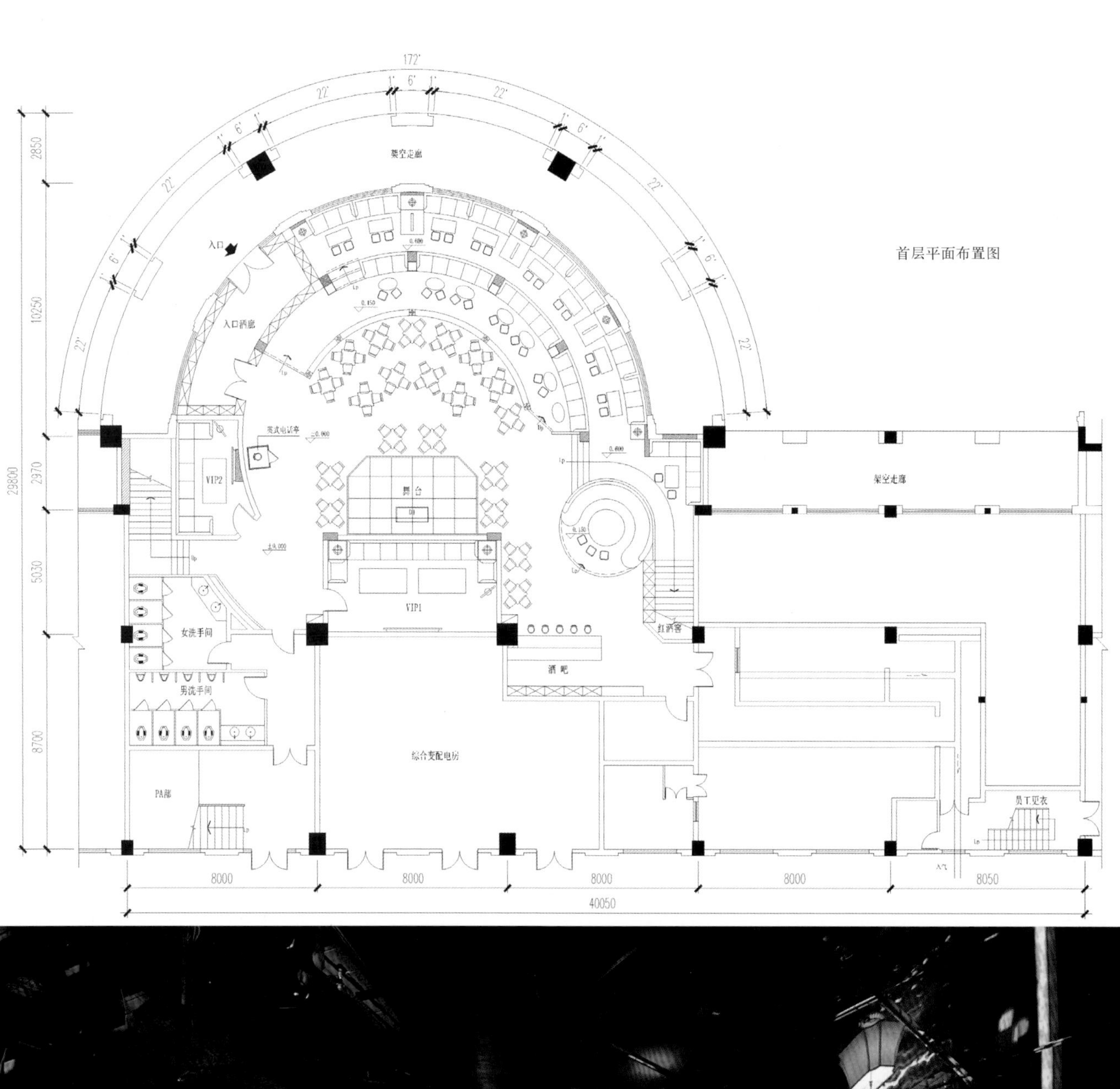
首层平面布置图
172'
22'
6'
1'
2850
10250
2970
5030
8700
29800
架空走廊
入口
入口酒廊
VIP2
舞台
VIP1
女洗手间
男洗手间
酒吧
综合变配电房
PA部
员工更衣
8000
8050
40050

TELEPHONE
TELEPHONE

主案设计：
陈武 Chen Wu
博客：
http:// 148826.china-designer.com
公司：
深圳市新冶组设计顾问有限公司
职位：
创始人、设计总监

奖项：
中国室内设计师黄金联赛第一季公共空间一等奖
广州本色获金指环iC@ward2011全球设计大奖金奖
中国室内设计师黄金联赛第二季公共空间一等奖

项目：
北京松雷剧院
广州本色酒吧
万象城喜悦西餐厅
长沙DONE CLUB
三正半山酒店
嘉旺连锁

植入乐曲脉络的酒吧空间
D1 CLUB

A 项目定位 Design Proposition
DONE CLUB位于长沙市中心区域，为城中新贵、潮人打造。以高薪高职高级品搏尊敬，牺牲个性任性高兴换所有。

B 环境风格 Creativity & Aesthetics
根据顾客心理和酒吧运营规律，借用音乐的原理与节奏设计酒吧，赋予空间乐曲的脉络。

C 空间布局 Space Planning
主视频是酒吧的视觉中心，设计师突破了传统的单一整面模式，将视频画面进行了多块分割拼接，这是对新技术的大胆尝试，更是空间乐章的SOLO所在。当多块画面各自独立又呼应闪现，并置、拼贴、杂揉、互涉、不确定性、解构等后现代主义意味从骨子里为玩家们带来随心所欲的疯狂冲动，令空间不失激情之美。

D 设计选材 Materials & Cost Effectiveness
从繁华街道进入酒吧前厅，经过特殊处理效果的腐铜格栅LOGO墙，不复以往酒吧的庸俗之姿，奠定雅致艺术调性；以石材切割成特定造型拼接的地面与墙身，成本昂贵，细节讲究，于无声处塑造空间品质；左面的玻璃墙与喷绘彩画带来妩媚华美之感；整个前厅是序曲、前奏，不动声色引你期待即将到来的高潮与精彩。 进入酒吧主厅，主厅设计运用了大量灰镜、黑色钢镜等反光材质，搭配不同色调的灯光效果，营造出浪漫迷离的氛围；中庭里五边形的造型酒桌犹如一颗颗分裂的细胞，可以根据客流量及顾客的要求进行自由无缝式组合，此安排既满足了酒吧经营的商业需求，也自然预留给顾客社交网络空间。

E 使用效果 Fidelity to Client
让空间与酒吧音乐氛围一起脉动，令DONE CLUB一开张便成为城中最炫之地，达人云集。

Project Name_
D1 CLUB
Chief Designer_
Chen Wu
Location_
Changsha Hunan
Project Area_
554sqm
Cost_
20,000,000RMB

项目名称_
植入乐曲脉络的酒吧空间
主案设计_
陈武
项目地点_
湖南 长沙
项目面积_
554平方米
投资金额_
2000万元

通过式金属探测门
Walk Through Metal Det

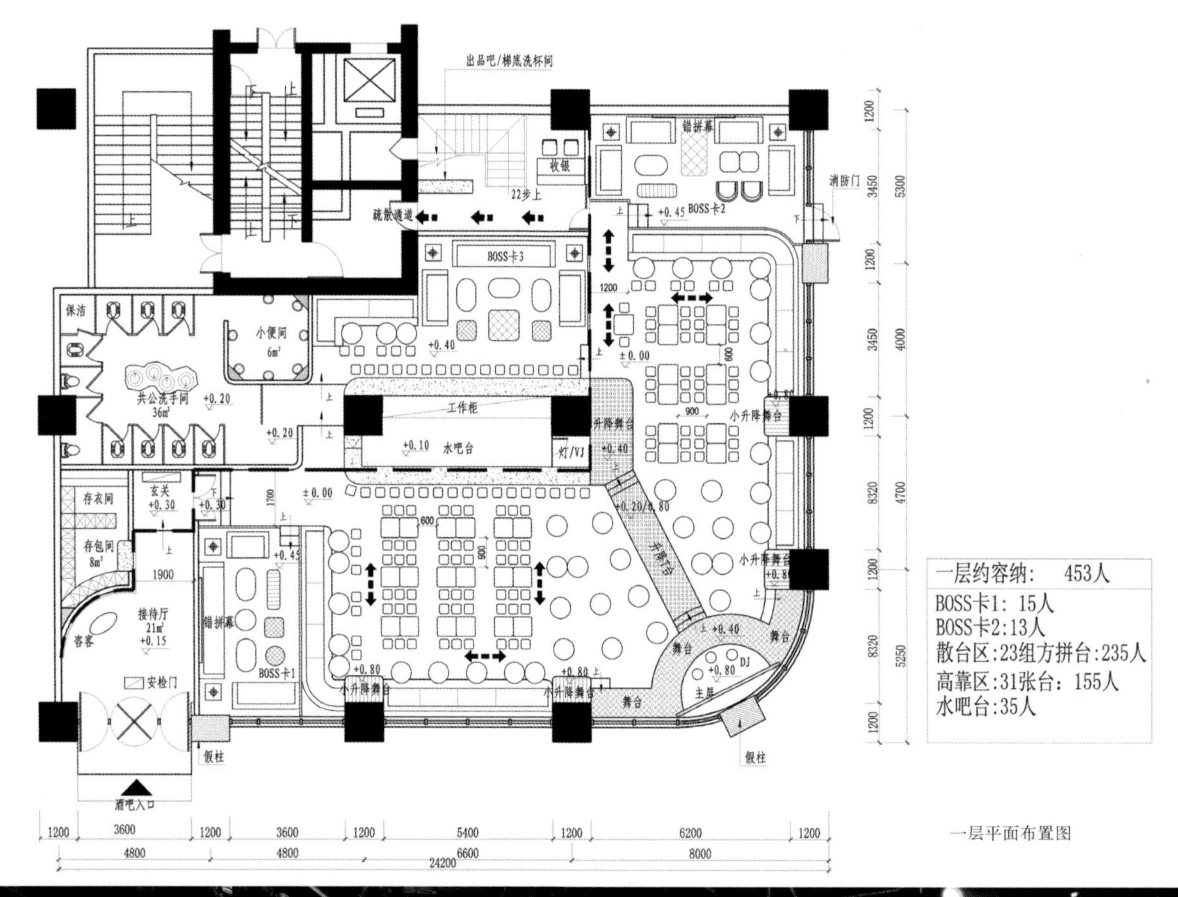
出品吧/梯底洗杯间
收银
错拼幕
消防门
22步上
疏散通道
BOSS卡2
BOSS卡3
保洁
小便间
6m²
共公洗手间
36m²
工作柜
水吧台
升降舞台
灯/VJ
小升降舞台
升降舞台
存衣间
玄关
存包间
8m²
接待厅
21m²
客客
安检门
BOSS卡1
舞台
DJ
主席
假柱
酒吧入口
一层约容纳：453人
BOSS卡1：15人
BOSS卡2：13人
散台区：23组方拼台：235人
高靠区：31张台：155人
水吧台：35人
1200
3600
1200
3600
1200
5400
1200
6200
1200
4800
4800
6600
8000
24200
一层平面布置图

WASHROOM

CHIVAS
敢先锋 不独行
芝华士 J&J 创始纪念版
传承芝华士兄弟敢创不凡的先锋合作精神
CHIVAS

International
D-ONE CLUB

D-ONE CLUB
长沙夜生活名片

主案设计：
鲁小川 Lu Xiaochuan
博客：
http:// 1015322.china-designer.com
公司：
北京丽贝亚建筑装饰工程有限公司
职位：
所长

奖项：
2008中国环艺学年奖 战舰酒店 银奖
2008第三届全国教师美术书法摄影作品大赛一等奖
2008 辽宁省第二届大学生艺术展演“室内设计”一等奖
第二届中国国际空间环境艺术设计大赛荣获酒店空间方案类银奖
2009 中国环艺学年奖-最佳指导教师奖

项目：
青岛银海净雅酒店室内装修改造
天津空港磁悬浮办公室装修工程
葫芦岛国际酒店
佳隆集团会所
新华人寿保险股份有限公司电话中心室内装修工程
锦绣花园会馆
天狮集团行宫及园中园、宴会厅
时尚旅酒店（泰州、合肥、南昌、武汉、沈阳、晋江、漳州、芜湖、莆田
成都万达SOHO住宅
厦门星美国际影城厅

万达上海五角场大歌星KTV

Wanda Shanghai Wujiaochang Super Star KTV

A 项目定位 Design Proposition

本项目在结合万达集团完美品质的同时，更加入了我们对大歌星整体的形象定位。

B 环境风格 Creativity & Aesthetics

方案设计中我们团队将品味与时尚，青春活力并国际化作为设计关键词，将品味时尚元素和国际化品牌概念融入到设计中去，极尽打造有品位、有体验、全新的万达大歌星KTV品牌。

C 空间布局 Space Planning

整个方案中，甲方提出的营销定位体现在整体空间划分及全新KTV功能设计，人群定位体现在对空间色彩把控及对消费人群心理分析。设计过程中，将入口标识的品牌运用设计手法进行放大，充满男女魅力的卫生间，以及不失华丽的VIP区域，都将给人以全新的KTV理念。

D 设计选材 Materials & Cost Effectiveness

大堂斜面顶部醒目微博墙，售卖处的冰屋体验，走廊简洁色调结合灯光明暗处理，结合酒吧功能与酒店环境设计而设计出全新理念的包房。

E 使用效果 Fidelity to Client

使消费者充分体验全新的娱乐设计。

Project Name_
Wanda Shanghai Wujiaochang Super Star KTV
Chief Designer_
Lu Xiaochuan
Participate Designer_
Song Shujia, Hong Wei, Shi Shanshan, Xiao Anqi
Location_
Shanghai
Project Area_
5,000sqm
Cost_
12,000,000RMB

项目名称_
万达上海五角场大歌星KTV
主案设计_
鲁小川
参与设计师_
孙书佳、洪伟、石珊珊、肖安齐
项目地点_
上海
项目面积_
5000平方米
投资金额_
1200万元

平面布置图

Supermarket

主案设计：
吴矛矛 Wu Maomao
博客：
http:// 820317.china-designer.com
公司：
北京思远世纪室内设计顾问有限公司
职位：
董事总设计师

奖项：
2011年中国室内设计年度封面人物
2003-2011年中国室内设计大赛获奖者
2011-2012获年度国际环境艺术创新设计-华鼎奖一等奖
2011-2012获年度十大最具影响力设计师
2012获年度金外滩奖“最佳照明奖”
2012年获中国酒店设计领军人物奖“金马奖”
2011获年度“金堂奖”

项目：
昆明海埂会议中心总统楼
常熟中江皇冠假日酒店
NOBU餐厅
兰博基尼展厅
UME华星国际影院
中国人寿保险集团总部
宾利北京总部

耀莱成龙国际影城（西安）
Sparkle Roll Jackie Chan Cinema

A 项目定位 Design Proposition
影城由国际巨星成龙先生与耀莱集团共同投资打造的星级影城，影城拥有专业管理团队，全新的经营理念，现代化全方位管理终极式服务，将为西安市民提供一种全新文化理念以及娱乐消费的尊贵享受。

B 环境风格 Creativity & Aesthetics
位于银泰中心四层的成龙影城，倡导以人为本的服务理念，宣传优秀电影，打造尽善尽美的五星级影城。

C 空间布局 Space Planning
以成龙出演过的电影为主题的工程亦成为影城卖品区的一道亮丽风景，产品琳琅满目，应接不暇，仿佛进入一个成龙影城的小型回顾展。

D 设计选材 Materials & Cost Effectiveness
大堂采用仿木纹格栅与圆形拉膜 结合的手法，突出影城的影城的电影文化，提高空间品质。

E 使用效果 Fidelity to Client
国际影城选择最优质的设备，设计新颖的装修，在同一级别院线中脱颖而出，票房屡居行业榜首。

Project Name_
Sparkle Roll Jackie Chan Cinema
Chief Designer_
Wu Maomao
Location_
Xi'an Shanxi
Project Area_
4,500sqm
Cost_
21,000,000RMB

项目名称_
耀莱成龙国际影城（西安）
主案设计_
吴矛矛
项目地点_
陕西 西安
项目面积_
4500平方米
投资金额_
2100万元

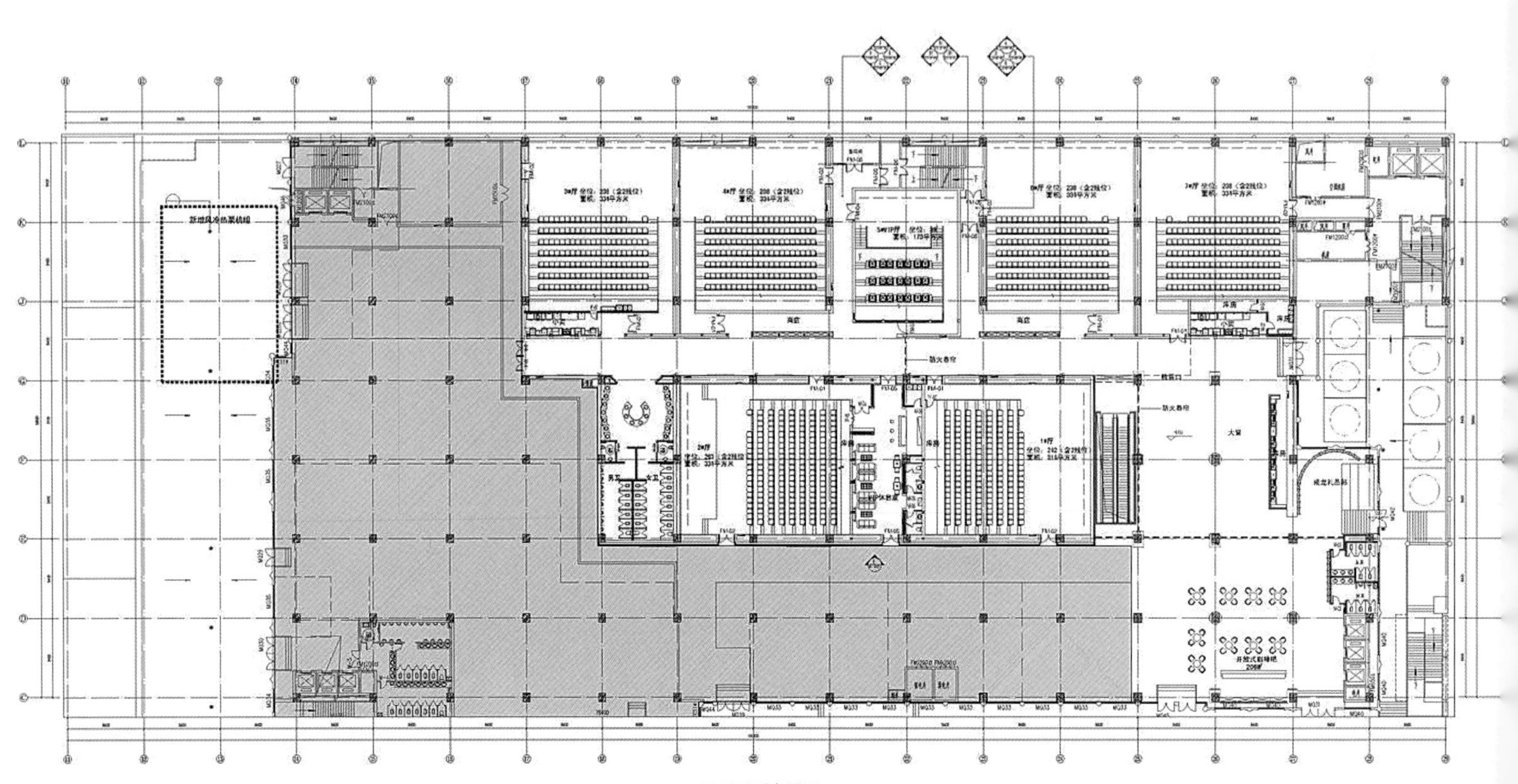

四层平面布置图

1厅
6 7 8厅
VIP休息室
安全出口

国王的演讲

主案设计：
叶福宇 Ye Fuyu
博客：
http:// 311810.china-designer.com
公司：
东莞菲尚设计装饰有限公司
职位：
设计总监

奖项：
2012年中国黄金联赛第一季度第二季度三等奖

项目：
惠州时代氧吧量版式KTV
金座夜总会
乐欢天量版式KTV

惠州时代氧吧量贩式KTV
Huizhou Times Yangba Discount-style KTV

A 项目定位 Design Proposition
时代氧吧量贩KTV是商务洽谈、欢歌、聚会的理想去处，也是惠州第一家引进独立制氧技术的娱乐场所。

B 环境风格 Creativity & Aesthetics
KTV走廊太窄会让人有局促感，而宽敞的走道给人安静、温馨的感觉。精心设计的走廊可以使过道的沉闷一扫而空，成为一道亮丽的风景线。进入包厢，雕花图案的玻璃和银镜的运用让空间视野更为开阔，同时也增添了空间的魅惑感。

C 空间布局 Space Planning
本案设置了80余间包厢，包厢设计简约而不奢华，有自己的独特魅力。大厅明亮宽敞，体现出大气、明朗、时尚的风格。

D 设计选材 Materials & Cost Effectiveness
材质上，选用黑、白、灰色调和易清洁的饰面为材料。地面采用有图案的大理石，以加强空间立体感，同时也考虑到减少噪音污染的问题。

E 使用效果 Fidelity to Client
以“音乐氧吧”的概念定义空间，打破了以往量贩式KTV的设计概念和模式。

Project Name_
Huizhou Times Yangba Discount-style KTV
Chief Designer_
Ye Fuyu
Location_
Huizhou Guangdong
Project Area_
3,200sqm
Cost_
10,000,000RMB

项目名称_
惠州时代氧吧量贩式KTV
主案设计_
叶福宇
项目地点_
广东 惠州
项目面积_
3200平方米
投资金额_
1000万元

平面布置图

主案设计：
李波 Li Bo
博客：
http:// 92217.china-designer.com
公司：
重庆尚辰设计机构
职位：
董事、设计总监

奖项：
2011CIID中国室内设计大赛文教医疗类入选奖
2011CIID中国室内设计大赛商业类入选奖
2011年度全国第四届全国十佳配饰设计师
2009CIID中国室内设计大赛办公类优秀奖
2009CIID中国室内设计大赛住宅/别墅类佳作奖
2009“人与环境的和谐”室内照明设计大赛银奖
2009中国室内空间环境艺术设计大赛优秀奖

项目：
成都蜀江锦院家园博物馆展厅
重庆海州时代酒店
银川悦廷酒店
成都中铁骑士奥维尔会所与别墅样板房系列
成都中铁骑士公馆销售中心与样板房系列
重庆涪陵文化馆
重庆MIX-K量贩KTV

Mix-K量贩KTV
MIX-K Discount-style KTV

A **项目定位** Design Proposition
热情快乐，激情向上。

B **环境风格** Creativity & Aesthetics
块面及灯光的空间转换。

C **空间布局** Space Planning
高台的酒吧方式KTV。

D **设计选材** Materials & Cost Effectiveness
石材及仿古砖的应用，玻璃及灯光的延展性。

E **使用效果** Fidelity to Client
新的行为模式及灯光效果。

Project Name_
MIX-K Discount-style KTV
Chief Designer_
Li Bo
Location_
Jiangbei Chongqing
Project Area_
200sqm
Cost_
6,000,000RMB

项目名称_
Mix-K量贩KTV
主案设计_
李波
项目地点_
重庆 江北区
项目面积_
200平方米
投资金额_
600万元

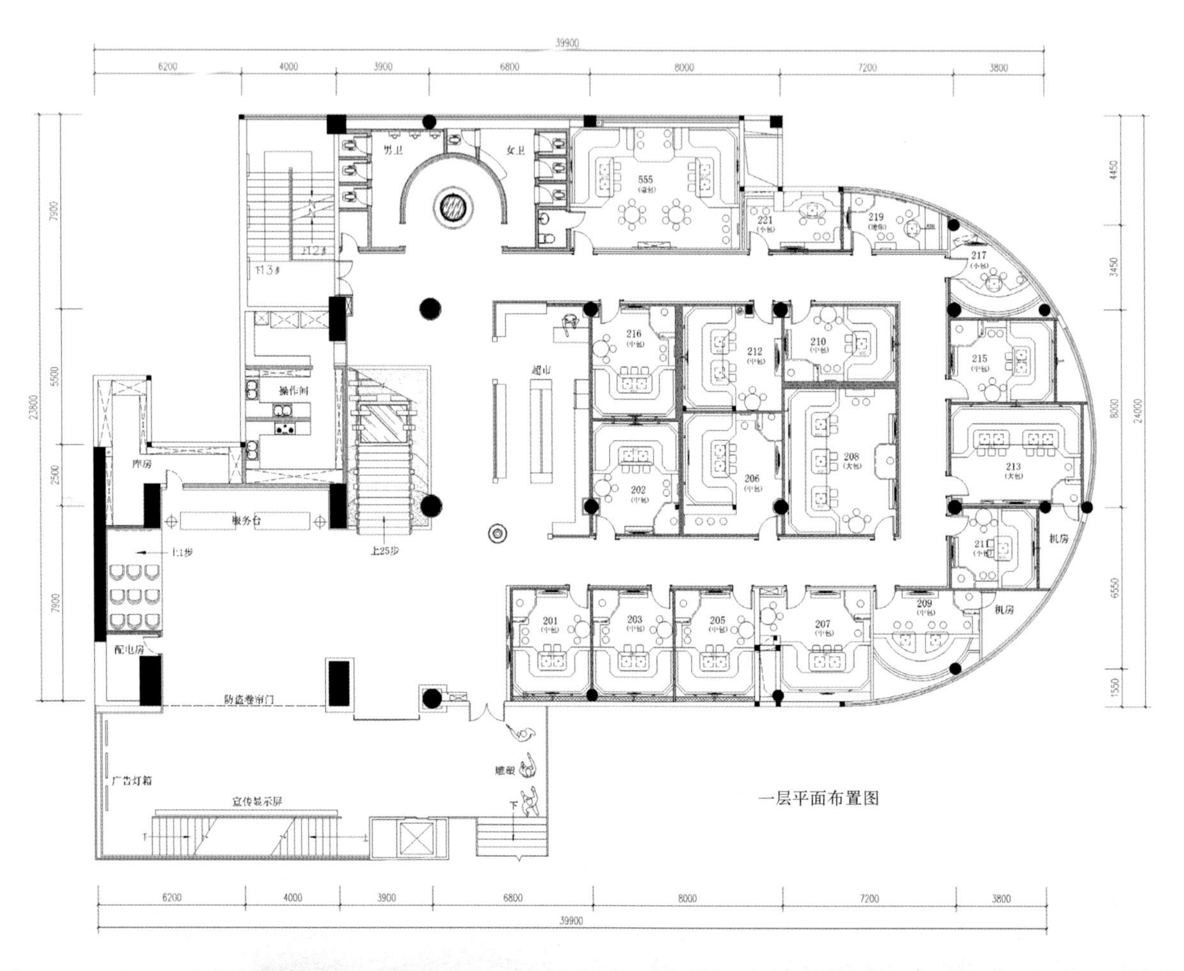

一层平面布置图

THE
BEATLES

主案设计：
陈武 Chen Wu
博客：
http:// 148826.china-designer.com
公司：
深圳市新冶组设计顾问有限公司
职位：
创始人、设计总监

奖项：
中国室内设计师黄金联赛第一季公共空间一等奖
广州本色获金指环iC@ward2011全球设计大奖金奖
中国室内设计师黄金联赛第二季公共空间一等奖

项目：
北京松雷剧院
广州本色酒吧
万象城喜悦西餐厅
长沙DONE CLUB
三正半山酒店
嘉旺连锁

深圳市喜悦西餐酒吧万象城店

XIYUE Restaurant & Bar, Shenzhen

A 项目定位 Design Proposition

本案位于深圳最繁华的商业区，设计师意图做一个闹中取静、考究又不失亲切的高级西餐酒吧，为城中奔忙于工作的达人们打造一个享受timeout的商务、休闲空间。

B 环境风格 Creativity & Aesthetics

在餐厅风格上选用新古典，设计师是经过斟酌的——在现今风格多样的餐厅中，新古典沉淀出的历久弥新感可谓独树一帜；新古典塑造出的安详、柔和又不失风韵的气息也符合设计师对本案的思考：真正的享受，无须矫揉造作，更不可令人无所适从，它应呼应生活阅历、品质需求，是一种内化了的心之所求。

C 空间布局 Space Planning

喜悦西餐酒吧，集餐厅与酒吧两种业态一体，同时还兼营party聚会，顾客群体定位为高级商务和精英人群，均有着广博的见识与一流的品味。

D 设计选材 Materials & Cost Effectiveness

在一二楼错落的门店中探出"喜悦"的LOGO，虽不张扬，却清朗笃定。旋转大门钝重端庄，仿佛要隔开身后万千烦忧。紫铜造型树叶散落在波斯海浪灰大理石上，给顾客第一眼的安宁。而惊喜随之而来，大片绿色植被织就成一整面"会呼吸的墙"，伴随着潺潺流水声，让室外钢筋水泥森林的疏离感立即被消解。

E 使用效果 Fidelity to Client

在"抬头望高楼，低头见车流"的繁忙中，能享受缓慢而从容的时光，不可不生出一份喜悦之情。

Project Name_
XIYUE Restaurant & Bar, Shenzhen
Chief Designer_
Chen Wu
Location_
Shengzheng Guangdong
Project Area_
700sqm
Cost_
20,000,000RMB

项目名称_
深圳市喜悦西餐酒吧万象城店
主案设计_
陈武
项目地点_
广东 深圳
项目面积_
700平方米
投资金额_
2000万元

喜悦

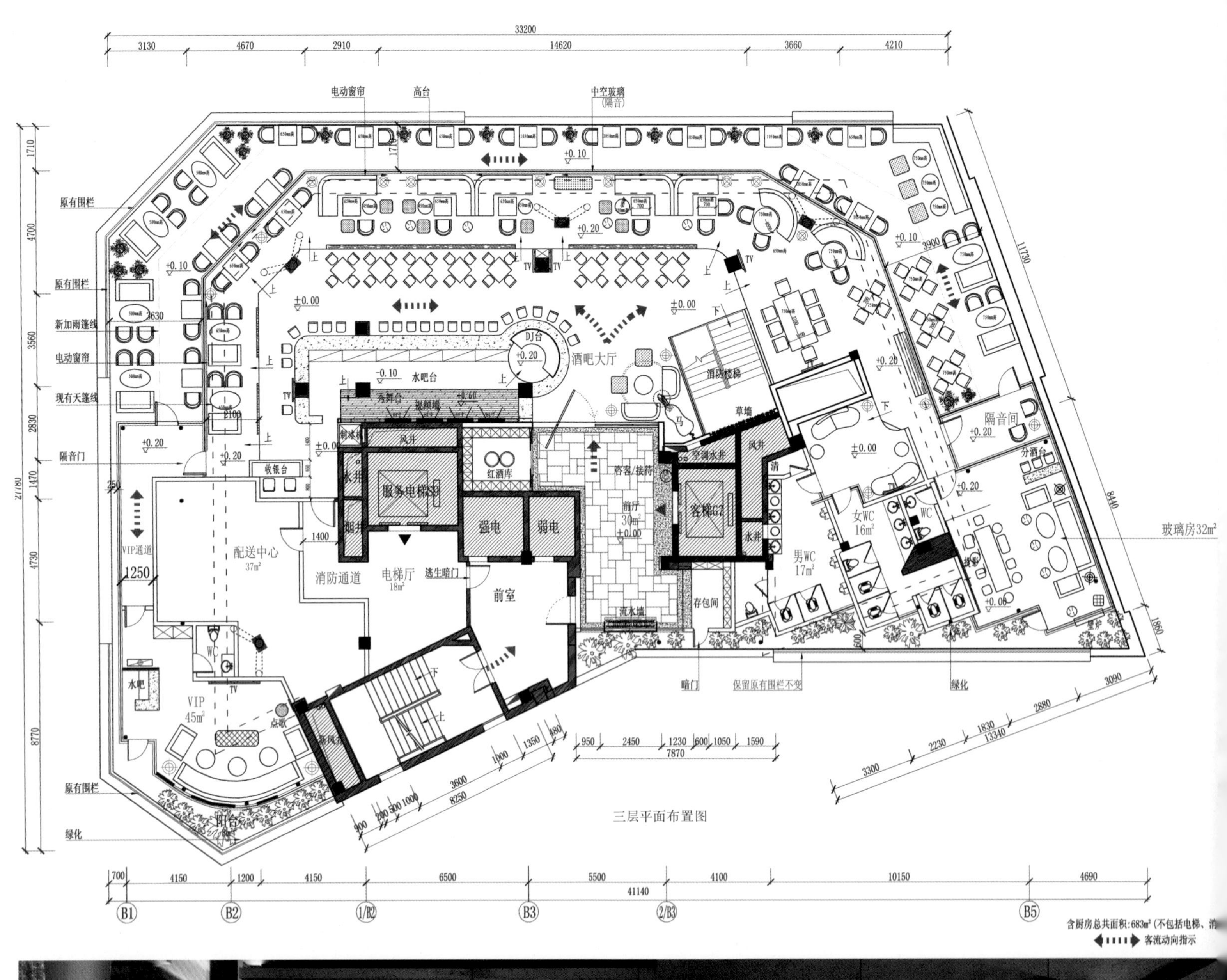

含厨房总共面积:683m² (不包括电梯、消

客流动向指示

主案设计：
罗卓毅 Luo Zhuoyi
博客：
http:// 190793.china-designer.com
公司：
汤物臣•肯文设计事务所
职位：
董事、设计总监

奖项：
中国国际设计艺术博览会“2010-2011年度室内设计百强人物”奖
《现代装饰》第三届羊城十大新势力“十大设计师”奖
被中国贸促会建设分会设计委员会评为年度“室内设计百强人物”
被中国饭店业协会评为中国酒店优秀原创设计师

项目：
芜湖星光灿烂娱乐城
江苏南京Agogo
广东花都王子山休闲生态度假区
北京顺景温泉酒店
顺德喜来登酒店
陕西西安滚石新天地KTV
河南郑州畅歌KTV
广东德庆盘龙峡天堂度假区

安徽芜湖星光灿烂娱乐城
Sparkle Entertainment City, Wuhu, Anhui

A 项目定位 Design Proposition
本案以国内高标准的娱乐场所规范进行设计，吸引不同年龄不同阶层的人士玩乐、消费，为本地客人及周边城市客人提供服务，营造健康休闲娱乐氛围，活跃芜湖文化产业。

B 环境风格 Creativity & Aesthetics
设计师通过对空间及人流动线的匠心独具的设计，让每个空间既关连又独立，每个区域更设专属入口，令来到这里的人都能轻易的找到属于自己的享乐空间。

C 空间布局 Space Planning
在风格上，设计师采用了简约、精致的现代风格带出空间的时尚气派，满足了精英人士对质量生活的追求，极具个性的家具摆饰更突显空间的灵动性，种种精心的布局设计体现出设计师以人为本的设计理念。

D 设计选材 Materials & Cost Effectiveness
大型演艺中心在设计时即定位为大众化娱乐区域。设计师通过众多娱乐元素的穿插与组合，使空间灵动且多变，让空间的语言变得丰富多姿，令不同的房间呈现迥异的风貌，使不同层次的消费者能根据自身需要选择不同的空间。

E 使用效果 Fidelity to Client
通过对大众化娱乐的带动，本案将成为芜湖时尚的风向标，以娱乐带动当地经济的繁荣。

Project Name_
Sparkle Entertainment City, Wuhu, Anhui
Chief Designer_
Luo Zhuoyi
Location_
Wuhu Anhui
Project Area_
20,000sqm
Cost_
230,000,000RMB

项目名称_
安徽芜湖星光灿烂娱乐城
主案设计_
罗卓毅
项目地点_
安徽省 芜湖市
项目面积_
20000平方米
投资金额_
23000万元

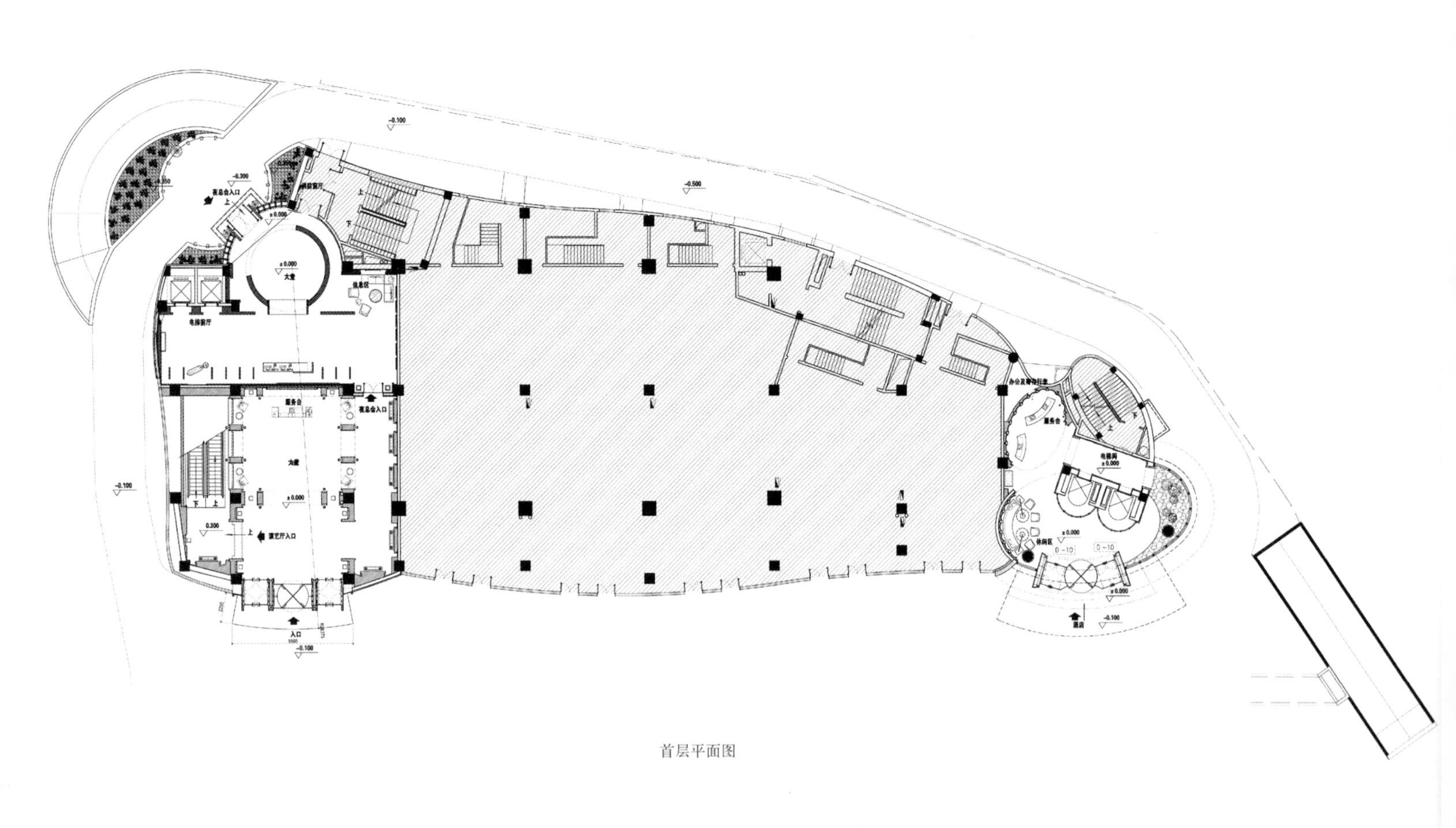
-0.100
-0.500
-0.300
夜总会入口
上
±0.000
大堂
休息区
电梯前厅
服务台
夜总会入口
大堂
±0.000
0.300
演艺厅入口
入口
-0.100
办公及寄存行李
服务台
电梯间
±0.000
休闲区
D -10
D -10
±0.000
酒店
-0.100

首层平面图

主案设计：
高保权 Gao Baoquan
博客：
http:// 173012.china-designer.com
公司：
重庆汇意堂装饰设计工程有限公司
职位：
首席设计师

奖项：
2010年荣获"重庆十大新锐设计师"称号
项目：
重庆奉节天坑地缝旅游接待中心（五星）
重庆金银山度假酒店（五星）
重庆香江庭院商业区
重庆香江豪园样板房
重庆云阳北部新区管委会办公大楼
重庆海发工程建设监理有限公司办公室
东原香山别墅
东和院别墅

世纪时代娱乐会所
Century Times Entertainment Club

A 项目定位 Design Proposition
伴随着人们生活水平的不断提高，娱乐消费需求的不断增大，对于现有的各类娱乐场所来说，档次参差不齐，而本案致力于高端消费人群，达到了五星级娱乐会所的标准。

B 环境风格 Creativity & Aesthetics
本案定位为一个时尚、奢华、高端的五星级娱乐会所，使其消费者拥有至尊的享受。

C 空间布局 Space Planning
本案总共有30个房间，分成了两个区域，分别为金箔区和银箔区，同时在每一个区域中的每一个包间都在统一中求变化，让消费者每一次都有不同的享受。

D 设计选材 Materials & Cost Effectiveness
本案大量的采用了各色的大理石、镜面玻璃、艺术拼图马赛克、皮革、油画、造型新颖的灯具，让整个空间达到了低调的奢华，同时使用了各式软包硬包，加强了对声音的控制，也提升了档次。

E 使用效果 Fidelity to Client
本案投入使用后，得到了消费者和业主方的高度认可，许多消费者都慕名而来，成为了当地首屈一指的娱乐会所，帮助业主实现了商业价值的最大化。

Project Name_
Century Times Entertainment Club
Chief Designer_
Gao Baoquan
Location_
Chongqing
Project Area_
3,000sqm
Cost_
12,000,000RMB

项目名称_
世纪时代娱乐会所
主案设计_
高保权
项目地点_
重庆
项目面积_
3000平方米
投资金额_
1200万元

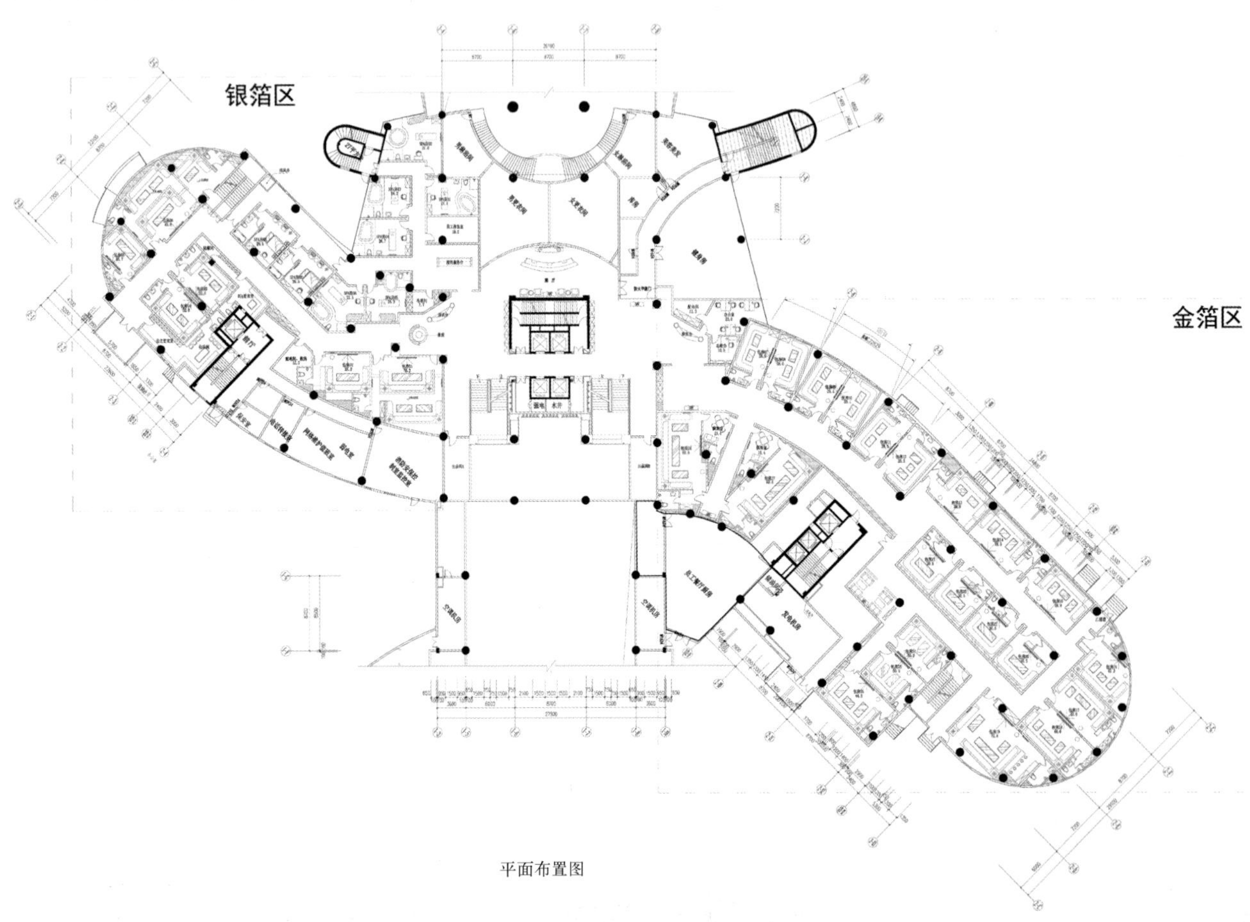

平面布置图

主案设计：
王俊钦 Wang Junqin
博客：
http:// 461494.china-designer.com
公司：
睿智汇设计公司
职位：
总经理兼总设计师

奖项：
2012中国"软装100"设计作品
2012金外滩奖优秀概念设计大奖
2012年度金外滩奖娱乐空间优秀照明设计奖
2010-2011年度资深设计师
2011年度中国精英设计师
2009-2010年美国INTERIOR DESIGN年度十大封面人物
2009-2010年度中国室内设计百强人物
2011APIDA亚太室内设计娱乐空间top10

项目：
净雅餐厅未来城店
北京多佐日式料理餐厅
滟澜山别墅
麦乐迪KTV中服店、富力城店、安定门店
东方普罗旺斯艺术豪宅
新乐圣KTV会所
如意私人会所

麦乐迪KTV南京新街口店
Xinjiekou Melody, Nanjing

A 项目定位 Design Proposition
南京，历来就有“六朝古都”的美誉，透露着儒雅之气，豪杰之风，斯文秀美，而当文化与娱乐交织、历史与激情结伴，又会激发怎样的碰撞？

B 环境风格 Creativity & Aesthetics
本案座落于南京市新街口商业区，市场消费人群定位于都市男女，是睿智汇设计公司自麦乐迪KTV中服店设计后的又一力作。设计师在设计过程中大胆的运用对比手法，以精致典雅却又不失现代气势的独特气息另辟蹊径。

C 空间布局 Space Planning
挑高中庭是本案的设计重点，设计师将盛开的“莲花”置于半空中，作为视觉中心点。“莲花”的设计取用了莲花本身的美好含义，运用了后现代设计风格中的隐喻手法，代表着超脱幻象新世界的诞生。“莲花”采用了玫瑰金不锈钢材质打造，将莲花的柔美与金属材质进行对比与碰撞。

D 设计选材 Materials & Cost Effectiveness
莲花取水于源，将“花”与“水”相互衬托，相映成趣。“水”作为主体莲花的背景，以流线型的设计语汇呈现于吊顶及主墙。顶面造型采用镜面不锈钢材质，配合晶莹透彻的水砖，精美绝伦的闪耀呈现，在灯光下闪闪发亮，有着目眩神迷的造型和闪耀潮流的样貌。

E 使用效果 Fidelity to Client
麦乐迪ＫＴＶ的空间设计是着重于艺术化与商业化的完美结合，不断捕捉消费群体对生活方式的追求，探索如何提供全球最独一无二的娱乐感受，不断打破消费者和业主设计期望，创造出这令人惊艳的璀璨之作，同时成就了这个古老城市的熠熠生辉,带来全新的娱乐气息。

Project Name_
Xinjiekou Melody, Nanjing
Chief Designer_
Wang Junqin
Location_
Nanjing Jiangsu
Project Area_
4,000sqm
Cost_
1,000,000RMB

项目名称_
麦乐迪KTV南京新街口店
主案设计_
王俊钦
项目地点_
江苏 南京
项目面积_
4000平方米
投资金额_
1000万元

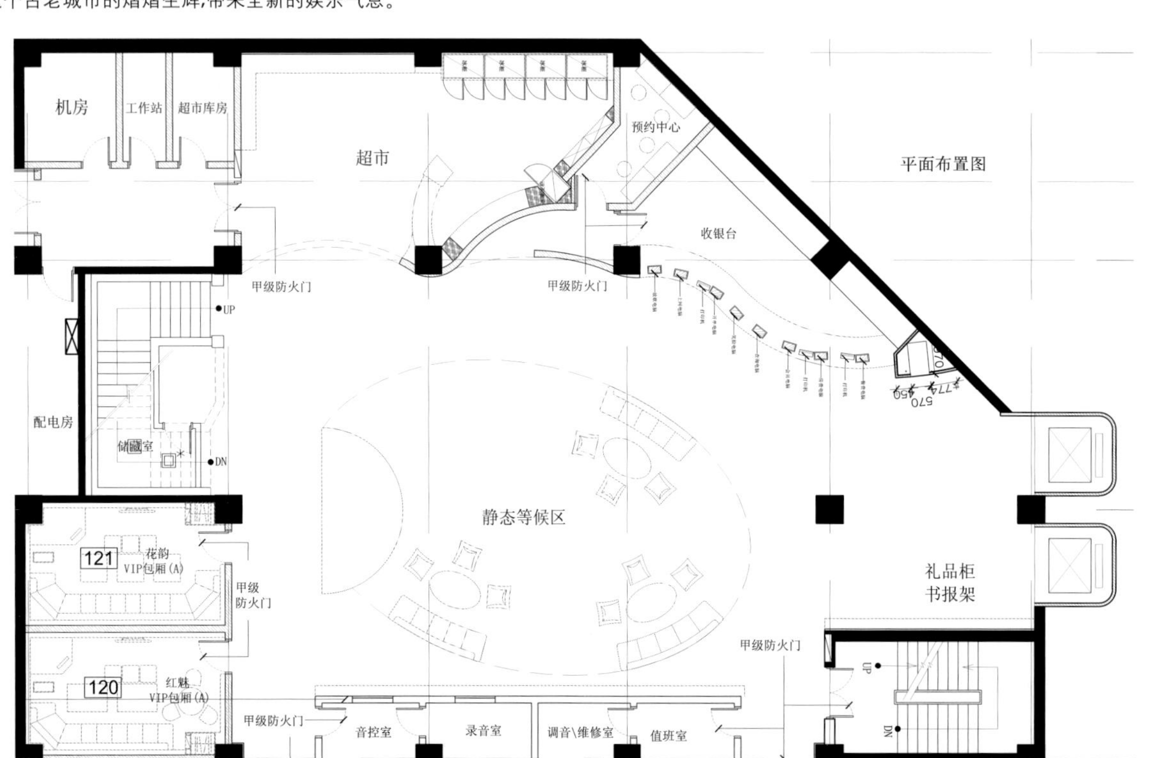

主案设计：
孙亮 Sun Liang
博客：
http:// 488677 .china-designer.com
公司：
成都市优佰文化传播有限公司
职位：
设计总监

奖项：
2008年荣获“岭南杯”广东装饰行业设计作品展评大赛铜奖
2009年作品入选《2009年中国室内设计年鉴》
2012年入选《室内公共空间》杂志“2012-2013年度中国十大当红设计师”
2012年荣获“金指环IC@ward全球设计大奖”娱乐类别荣誉奖

项目：
常熟“OK•88”酒吧
湖州“莉莉•玛莲”酒吧
上海“JJ”俱乐部
苏州“皇家TT”酒吧
乌鲁木齐“IN•BAR”俱乐部
嘉兴“莉莉•玛莲”酒吧
杭州“本色•MUSE”酒吧
中江“阿卡迪亚庄园”售楼部
鄂尔多斯“爱尚88”俱乐部
成都“简爱”国际宠物会所
成都沐莲SPA
成都“阳光都市”KTV

成都阳光都市KTV会所
Chengdu Sunshine City KTV club

A **项目定位** Design Proposition
更简洁、大气的设计，带来全新的娱乐体验。

B **环境风格** Creativity & Aesthetics
突破商务会所几乎全部欧式的装修风格。

C **空间布局** Space Planning
充分利用空间，公共区域回转而流畅。

D **设计选材** Materials & Cost Effectiveness
材料多以石材为主，搭配钢琴烤漆、不锈钢，简洁而凸显档次。

E **使用效果** Fidelity to Client
运营效果良好，高朋满座。

Project Name_
Chengdu Sunshine City KTV club
Chief Designer_
Sun Liang
Location_
Chengdu Sichuan
Project Area_
800sqm
Cost_
3,200,000RMB

项目名称_
成都阳光都市KTV会所
主案设计_
孙亮
项目地点_
四川 成都
项目面积_
800平方米
投资金额_
320万元

主案设计：
吴矛矛 Wu Maomao
博客：
http:// 820317.china-designer.com
公司：
北京思远世纪室内设计顾问有限公司
职位：
董事总设计师

奖项：
2011年中国室内设计年度封面人物
2003-2011年中国室内设计大赛获奖者
2011-2012获年度国际环境艺术创新设计-华鼎奖一等奖
2011-2012获年度十大最具影响力设计师
2012获年度金外滩奖“最佳照明奖”
2012年获中国酒店设计领军人物奖“金马奖”
2011获年度“金堂奖”

项目：
昆明海埂会议中心总统楼
常熟中江皇冠假日酒店
NOBU餐厅
兰博基尼展厅
UME华星国际影院
中国人寿保险集团总部
宾利北京总部

耀莱醇酿
Sparkle Roll Fine Wine

Project Name_
Sparkle Roll Fine Wine
Chief Designer_
Wu Maomao
Location_
Sanlitun Beijing
Project Area_
700sqm
Cost_
5,000,000RMB

项目名称_
耀莱醇酿
主案设计_
吴矛矛
项目地点_
北京 三里屯
项目面积_
700平方米
投资金额_
500万元

A 项目定位 Design Proposition
本案定位于成功人士休闲购物的顶级场所：成功人士在注重以品质、价格为核心的理性消费的同时，更加倾向于以体验感受为主的感性消费。

B 环境风格 Creativity & Aesthetics
运用古典与现代相结合的手法、谦虚与内敛的简约方式，力求营造一个自然舒适的购物休闲环境。

C 空间布局 Space Planning
本案的空间布局紧密地结合了品牌的特点：入口处酒庄的陈列区把品牌的优势体现的淋漓尽致。进入售卖区后首先映入眼帘的是给顾客提供品签及休息的品酒区，手里端着美酒，欣赏着恒温恒湿房里“华贵”的瓶装酒及“堆积如山”的箱装酒，我们从视觉、听觉、嗅觉焕发你的心智，让烦嚣世界留在后头，让您的感官得到升华。端头是一间60多平米的品酒教室，体现了业主的专业性及传播、发扬红酒知识的宗旨。

D 设计选材 Materials & Cost Effectiveness
材料方面：橡木是贮存红酒的不二之选；墙面、顶面—硅藻泥：有效调节空间湿度，节能环保；仿木纹地砖—自然舒适，经久耐用。

E 使用效果 Fidelity to Client
我们的设计带动了业主的销售，协助品牌建立了更高的知名度。新商店不仅变成销售空间，也变成了派对与社交的场所。

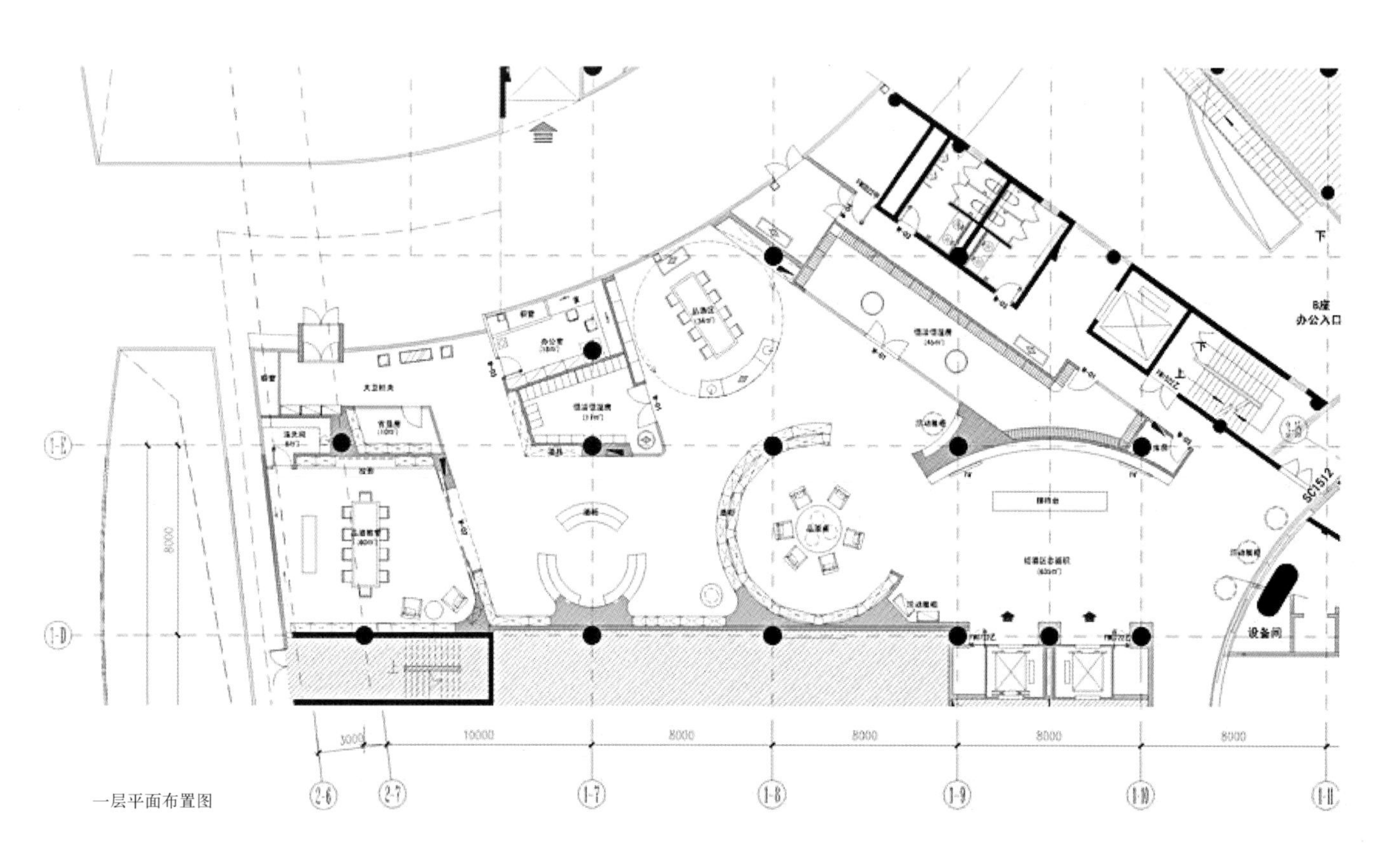

一层平面布置图

CHATEAU
HAUT-BRION
12B 2005
CHATEAU
HAUT-BRION
12B 2006
ILLEAU CHAT
ND VIN

Sparkle Roll Fine Wine

主案设计：
陈德军 Chen Dejun
博客：
http:// 821789.china-designer.com
公司：
杭州金白水清悦酒店设计有限公司
职位：
陈德军设计事务所负责人

奖项：
2012"照明周刊杯"设计大赛 杭州赛区商业类一等奖

项目：
杭州江南会1001酒吧
上海公馆娱乐会所
平湖蝶会所
无锡威图酒吧

杭州蓝色沸点量贩KTV
Blue Hot KTV (Hangzhou)

A 项目定位 Design Proposition
定位量贩兼具商务，适合更广的年龄层。

B 环境风格 Creativity & Aesthetics
杭州最繁华的商业区块，追求简约、时尚。

C 空间布局 Space Planning
接待厅大气非凡，包厢形式新颖，包厢内多角度放置电视机，让消费者更轻松。

D 设计选材 Materials & Cost Effectiveness
运用特殊石材、GRC翻模、UV淋漆板等，独特、精致。

E 使用效果 Fidelity to Client
杭州量贩KTV当中的翘楚。

Project Name_
Blue Hot KTV (Hangzhou)
Chief Designer_
Chen Dejun
Participate Designer_
Tong Fang
Location_
Hangzhou Zhejiang
Project Area_
3,700sqm
Cost_
15,000,000RMB

项目名称_
杭州蓝色沸点量贩KTV
主案设计_
陈德军
参与设计师_
童芳
项目地点_
浙江 杭州
项目面积_
3700平方米
投资金额_
1500万元

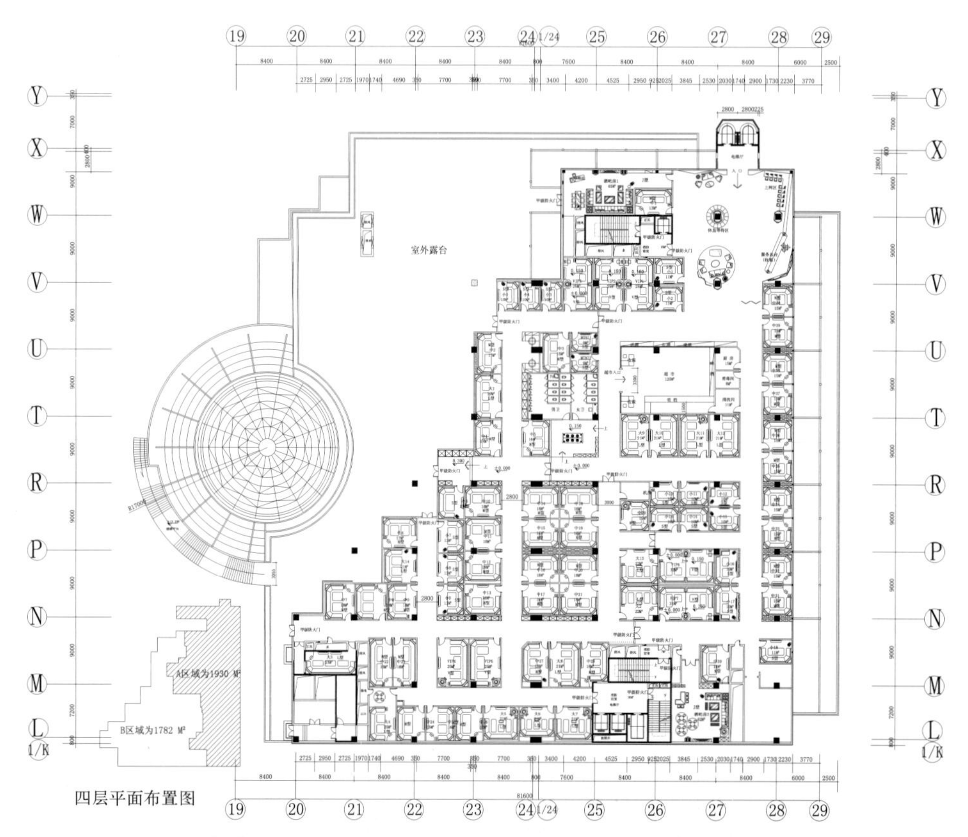

四层平面布置图

精品青岛
买16支送8支
青岛欢动啤酒
买24支送24支
青岛欢动
24支送24支
青岛啤酒

QUIZ
EURO2012
THE2012
EUROPEAN
CUP

元首19
元首25

K歌新时尚 唱享普乐迪
K歌新时尚 唱享普乐迪
尚 唱享普乐迪

主案设计：
杨旭 Yang Xu
博客：
http:// 827746.china-designer.com
公司：
北京东易日盛装饰集团天津分公司
职位：
原创专家主任设计师

奖项：
2001年名达杯室内设计大赛优秀作品奖
2002天津环渤海室内设计大赛三等奖
2003天津环渤海室内设计大赛二等奖

项目：
开发区金融街
今日家园样板间
万科城市花园样板间
玛歌庄园家居设计

巴伐利亚啤酒坊
Bavarian Beer Square

A 项目定位 Design Proposition
该作品被定义为欧式休闲餐饮，摆脱奢求风格，以优雅古典的曲线设计，让今夏的餐桌美食拥有别样的点缀。

B 环境风格 Creativity & Aesthetics
欧式造型的优雅，舒适高贵，透露出历史和文化的内涵。而该作品是一种特殊的存在风格，因为欧式乡村文化包含了多种元素的糅合，形成的乡村风格也独特多变，有着一种别致的休闲风情。

C 空间布局 Space Planning
在布局上，无论是大堂，大厅，还是包厢，浓郁的欧式乡村风格都给人舒适大气的空间感，很好地利用了自然光，每一桌客人都能看到窗外的风景，大厅是上下两层的格局，层次感也得到了提升。

D 设计选材 Materials & Cost Effectiveness
欧式古典风以简洁优雅的家具曲线美重新阐释西方乡村韵味。

E 使用效果 Fidelity to Client
欧式休闲餐饮环境，舒适大气。

Project Name_
Bavarian Beer Square
Chief Designer_
Yang Xu
Location_
Tianjin
Project Area_
1,100sqm
Cost_
1,000,000RMB

项目名称_
巴伐利亚啤酒坊
主案设计_
杨旭
项目地点_
天津
项目面积_
1100平方米
投资金额_
100万元

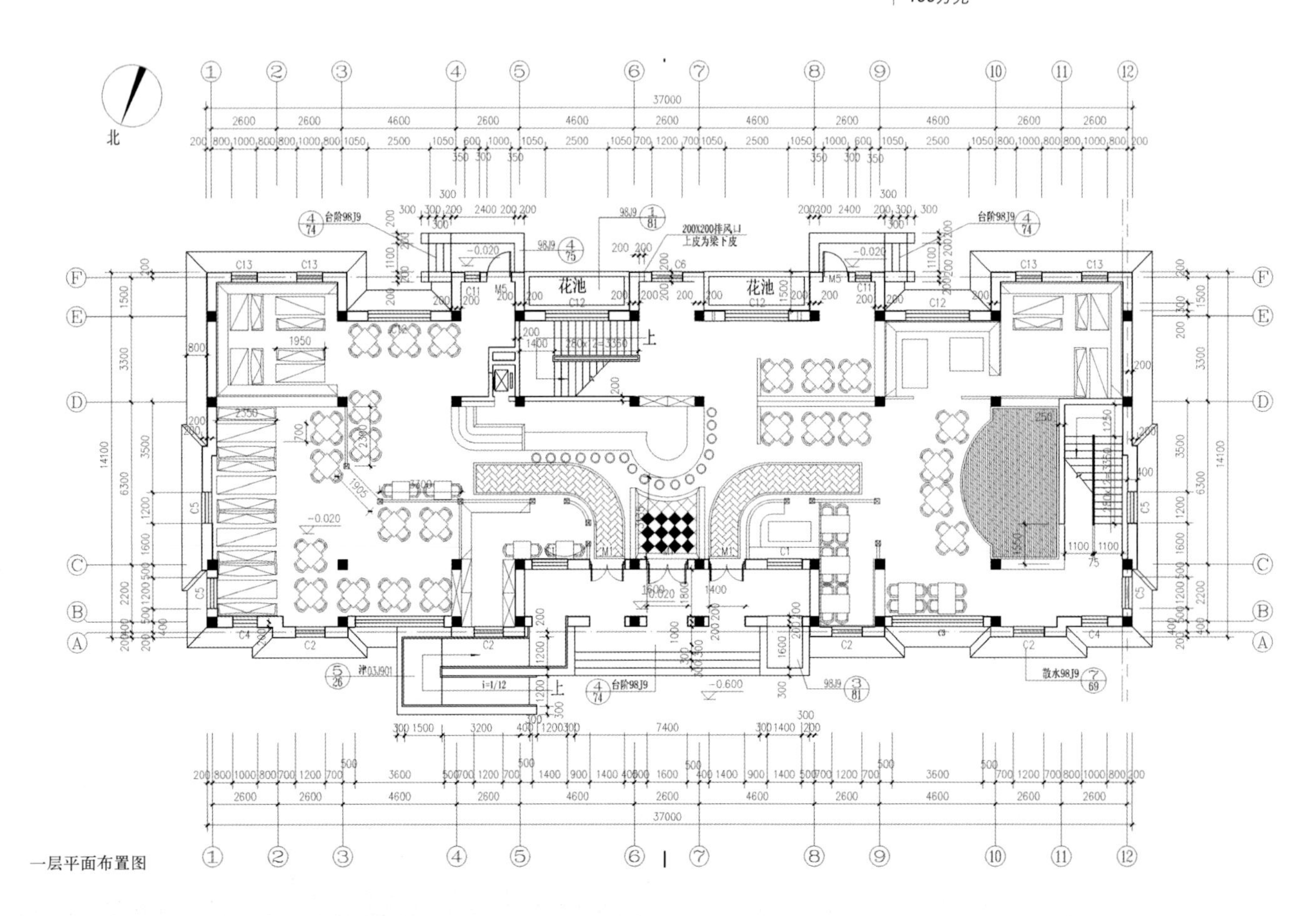

一层平面布置图

06
05
13
14

主案设计：
王永 Wang Yong
博客：
http:// 896195.china-designer.com
公司：
北京建极峰上大宅装饰西安分公司
职位：
首席设计师

奖项：
2010年荣获西安市装饰行业优秀设计师
2011年荣获"中联.阿姆瑞特杯"优秀作品
2011年荣获第二届中国国际空间环境艺术设计大赛筑巢奖
2012年上海国际室内设计节"金外滩奖"荣获"最佳休闲娱乐空间奖"
2012年荣获中国室内设计师黄金联赛三等奖
2012年陕西"金巢奖"设计大赛银奖

项目：
陕西渭南鑫城国际酒店
陕西西安市凯仕堡酒店
陕西延安天域酒店
山西垣曲时雨商务酒店
陕西西安方糖KTV
陕西西安音范纯K量贩KTV
陕西渭南四季恋歌KTV
陕西西安市浪漫之夜KTV

西安方糖量贩KTV
Funny Time, Xi'an

A 项目定位 Design Proposition

本案以"健康、时尚、欢乐、高雅"为设计核心，努力打造一个释放情感、驱散都市生活压力的惬意之所。其最大的设计特点是摒弃了以往夜场妖娆、神秘、昏暗的空间氛围。

B 环境风格 Creativity & Aesthetics

注重端庄、高贵气质的营造，公共区域大量运用雅士白石材及灰镜，这样白与灰的色系表现一种时尚、健康的感受。

C 空间布局 Space Planning

娱乐空间的设计要注意其多元性的表达，设计师在满足多重空间需求的同时，通过对空间节奏、序列、层次的处理，塑造出意境美好而高雅的放松环境，把各个空间融入其中，整个空间设有量贩区和商务区，满足不同人群的需求。

D 设计选材 Materials & Cost Effectiveness

通过巧妙手法将白色雅士白石材切割成平行四边形铺设地面，切割成竖条并排连续制造出音符旋律的效果！休息大厅墙面的菱形倒圆角的糖块状石材单元打破了石材、灰镜的单调重复，顶面13个石膏板造型单元沿人流方向排列，表现了强烈的导向性同时也满足了大厅大气、明快的空间需求。走廊墙面设有兼具导向与装饰功能的亚克力灯箱，在路线的转角处都以斜角处理，并用玻璃砖内藏LED三色变光灯管饰面，它会根据震动强度自动调节灯光强弱，绚丽的色彩变幻点缀了平静的空间，显得更加璀璨。在包间设计中灰镜、皮革硬包、防火板等材质变化并结合，体现了"健康、时尚、欢乐、高雅"的设计起点。

E 使用效果 Fidelity to Client

本方案设计手法及装修效果深受年轻、白领、时尚人士喜欢！

Project Name_
Funny Time, Xi'an
Chief Designer_
Wang Yong
Location_
Xi'an Shanxi
Project Area_
3,000sqm
Cost_
15,000,000RMB

项目名称_
西安方糖量贩KTV
主案设计_
王永
项目地点_
陕西 西安
项目面积_
3000平方米
投资金额_
1500万元

EPSON

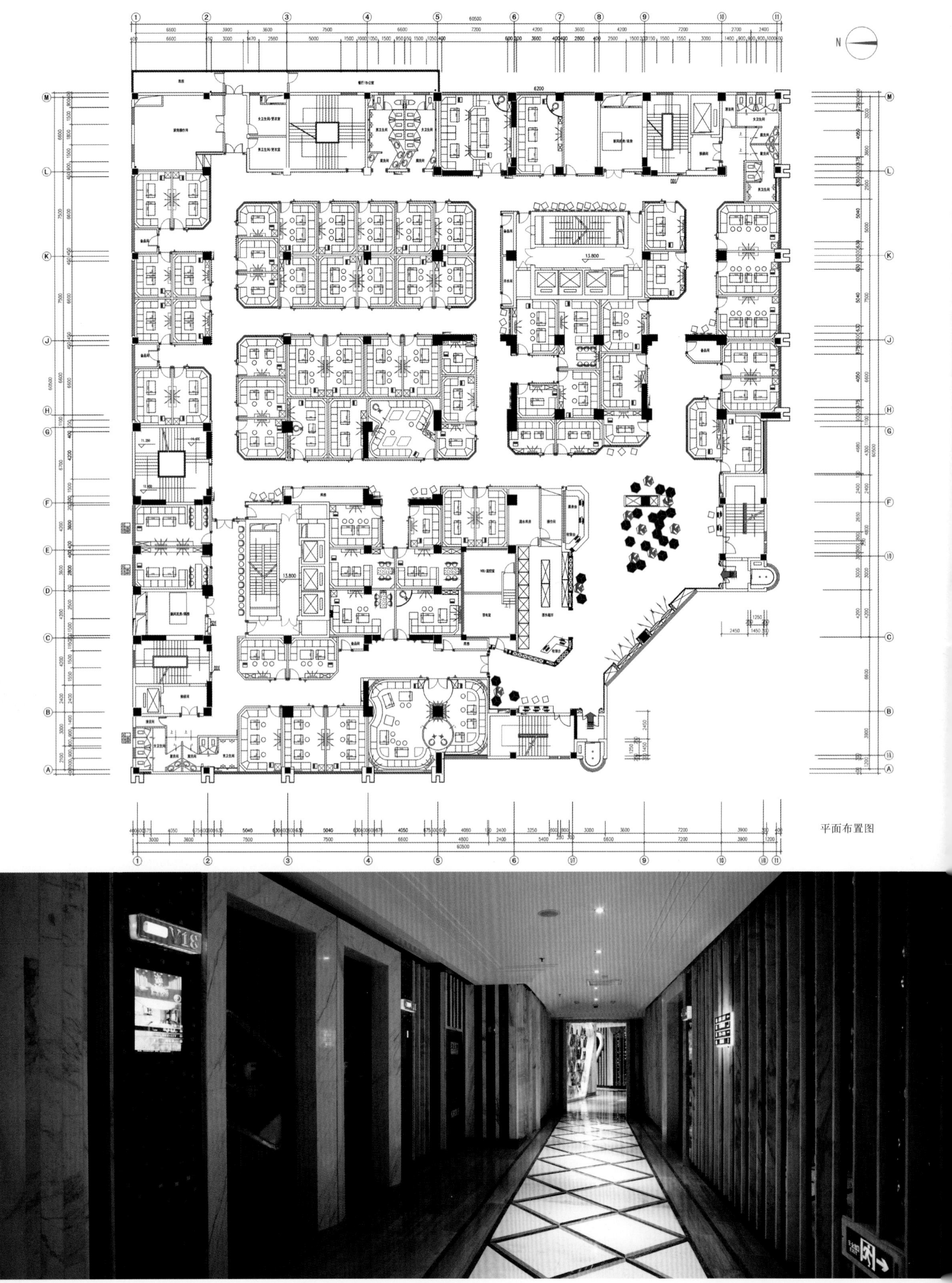

平面布置图

主案设计：
李龙兵 Li Longbing
博客：
http:// 940349.china-designer.com
公司：
莆田四合院装饰设计有限公司
职位：
总经理兼设计总监

项目：
云上东巴（主题休闲吧）

云上东巴（主题休闲吧）
Cloud picture

A **项目定位** Design Proposition
有个好的主题——东巴文化。

B **环境风格** Creativity & Aesthetics
追求自然融入现代生活。

C **空间布局** Space Planning
体现布局文化。

D **设计选材** Materials & Cost Effectiveness
运用最普通的材料代替华丽材质。

E **使用效果** Fidelity to Client
引入丽江东巴文化主题是本酒吧的核心。

Project Name_
Cloud picture
Chief Designer_
Li Longbing
Participate Designer_
Zheng Jianmei
Location_
Putian Fujian
Project Area_
200sqm
Cost_
220,000RMB

项目名称_
云上东巴（主题休闲吧）
主案设计_
李龙兵
参与设计师_
郑建美
项目地点_
福建 莆田
项目面积_
200平方米
投资金额_
22万元

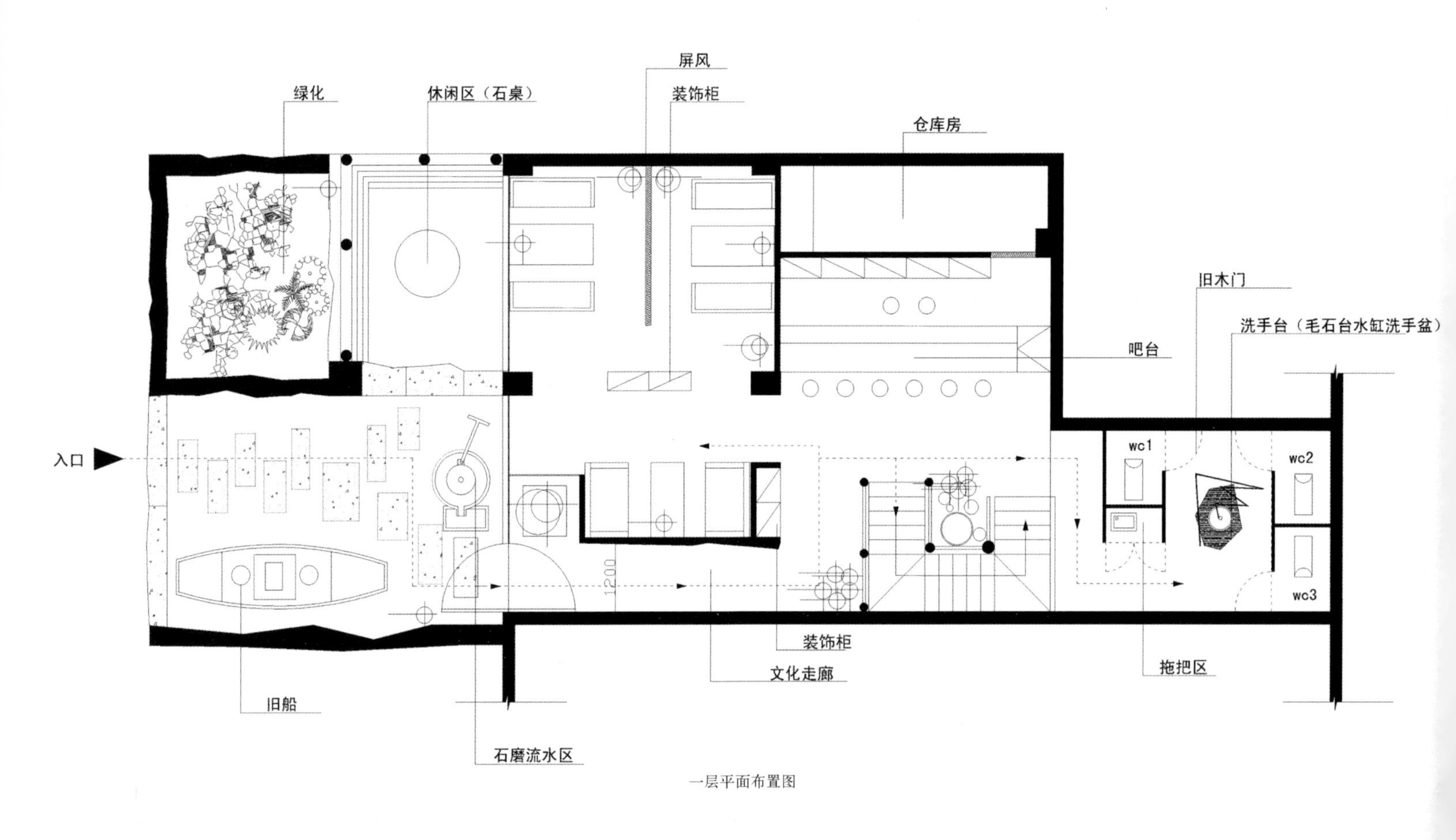
屏风
绿化
休闲区（石桌）
装饰柜
仓库房
旧木门
洗手台（毛石台水缸洗手盆）
吧台
入口
wc1
wc2
wc3
1200
装饰柜
文化走廊
拖把区
旧船
石磨流水区

一层平面布置图

主案设计：
郭纯新 Guo Chunxin
博客：
http:// 1008164.china-designer.com
公司：
合肥新本土环艺设计装饰公司
职位：
董事长

项目：
合肥洲际私人会所
合肥金楠酒店
江苏镇江阿波罗音乐会所
合肥环球一号至尊会
合肥名爵公馆
郎溪凯利酒店
潜山阿波罗量贩KTV
合肥风云际会国际会所
合肥翡翠明珠至尊会
安徽一品官邸富豪会
安徽璞丽精品酒店

合肥名爵公馆
MG Residences

A 项目定位 Design Proposition

娱乐场所给人的传统印象是昏暗的灯光、深色的装修材料、糜烂的气氛，在本案中，设计师从城市的需求着手，引入五星级酒店的设计手法和客户需求，力图打造一个高端的商务休闲场所，提供一个格调高雅，服务健康而周到的娱乐休闲场所。

B 环境风格 Creativity & Aesthetics

本案在颜色上大胆的选用的白色调，材质上也是白色的石材与板材为主。设计师以简约的白色调新古典风格为基调，以镜面，油画， 硬包，帘幔等为元素组成了本案独特的风格。在会所设计中不失为一股少有的清新格调。既不失奢华又免于流于表面上的繁复。在公共空间上，红酒吧与接待吧台遥相呼应，中间隔着带有钢琴的水景。水景与宽大的白色欧式石材楼梯融为一体，将原本中规中矩的空间渲染的浪漫而富有情趣。

C 空间布局 Space Planning

因本项目分布在四五层两个楼层，设计师配合结构工程师重新对原建筑结构做二次改造，在四层大厅打开一跨楼板，增加一部宽度3米的L形楼梯，使四五层厅垂直连接起来，中庭的下部是水景和钢琴吧。

D 设计选材 Materials & Cost Effectiveness

大量选用白色的材质，爵士白大理石、白色钢琴漆配合装饰布幔和油画。

E 使用效果 Fidelity to Client

开业后吸引大量的同行和客人争相参观，取得很好的经济效益。

Project Name_
MG Residences
Chief Designer_
Guo Chunxin
Participate Designer_
Chen Ping, Liu Mingxing, Zhang Jv
Location_
Hefei Anhui
Project Area_
4,900sqm
Cost_
30,000,000RMB

项目名称_
合肥名爵公馆
主案设计_
郭纯新
参与设计师_
陈萍、刘明星、张菊等
项目地点_
安徽 合肥市
项目面积_
4900平方米
投资金额_
3000万元

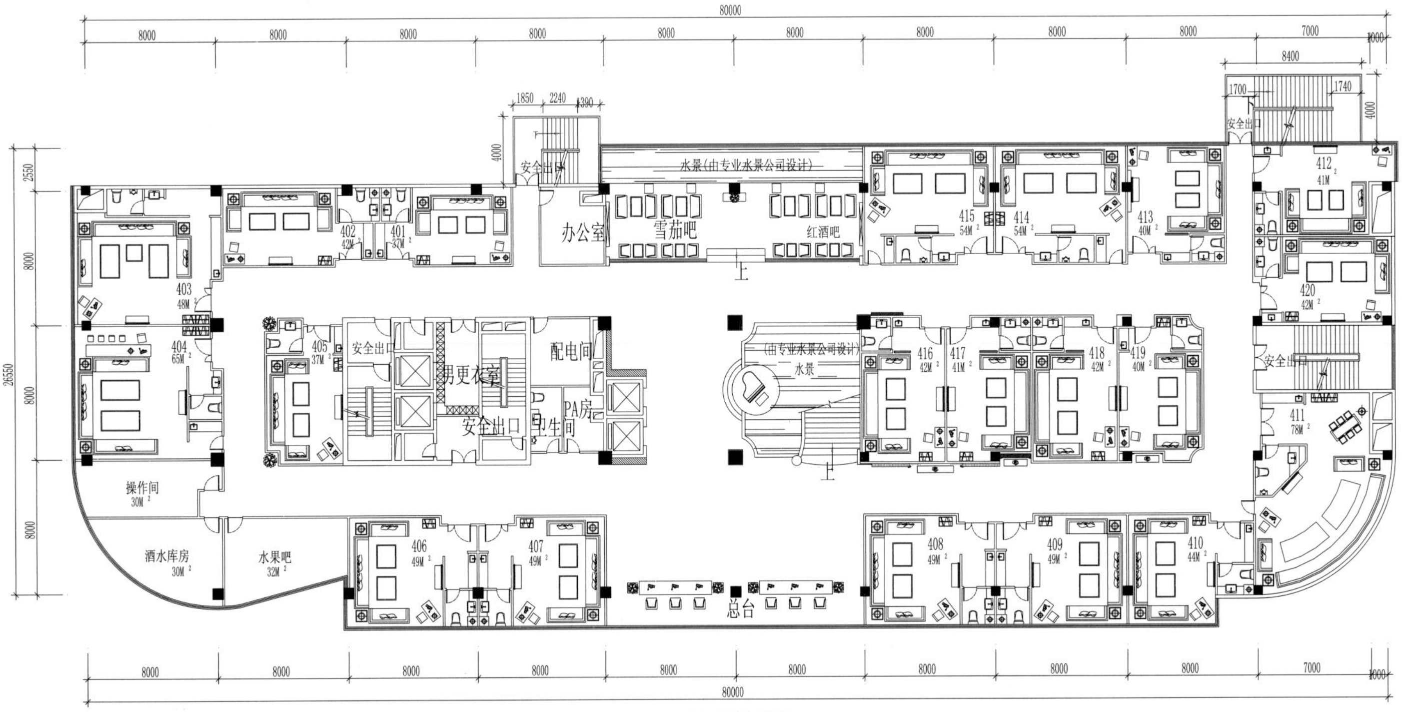

四层平面布置图

主案设计：
罗文 Luo Wen
博客：
http:// 1008470.china-designer.com
公司：
广州市中柏设计制作有限公司
职位：
董事兼设计总监

奖项：
港澳优秀设计师大奖

哈尔滨东方盛会俱乐部和COCO酒吧新店
CoCo Club Harbin

A 项目定位 Design Proposition
本案是著名哈尔滨COCO酒吧的翻新改造项目。空间的设计主轴是如何呈现内敛奢华的都市人文意向。

B 环境风格 Creativity & Aesthetics
欧式元素经典的装饰魅力给予一种当代设计语汇的转换，透过细节的关注，带来丰富的质感表现。这些空间以一种巧妙的方式组合在一起，展现一种整体性连接。

C 空间布局 Space Planning
大厅的设计是整案的灵魂重心，它被赋予沟通不同空间，转换多种功能的使命，随灯光减弱，音乐响起，酒柜从中破开缓缓向两端移动，露出中心舞台，主从两厅此际交融相汇。

D 设计选材 Materials & Cost Effectiveness
多切面的镜面光影折射，宛若不时多变颜面的万花镜，熠熠生辉。DJ台后两个被抬高于地面的玻璃房子，卖相端庄奢华的“书房”具有一丝拉风的文艺气质，这一动一静与前厅形成强烈空间反差，理性中带一点小闷骚。

E 使用效果 Fidelity to Client
每个空间均透过转译传统欧式元素重组、解构、夸张等设计手法，为年轻世代打造全方位的玩乐主义夜生活。

Project Name_
CoCo Club Harbin
Chief Designer_
Luo Wen
Location_
Haerbin Heilongjiang
Project Area_
1,500sqm
Cost_
8,000,000RMB

项目名称_
哈尔滨东方盛会俱乐部和COCO酒吧新店
主案设计_
罗文
项目地点_
黑龙江 哈尔滨
项目面积_
1500平方米
投资金额_
800万元

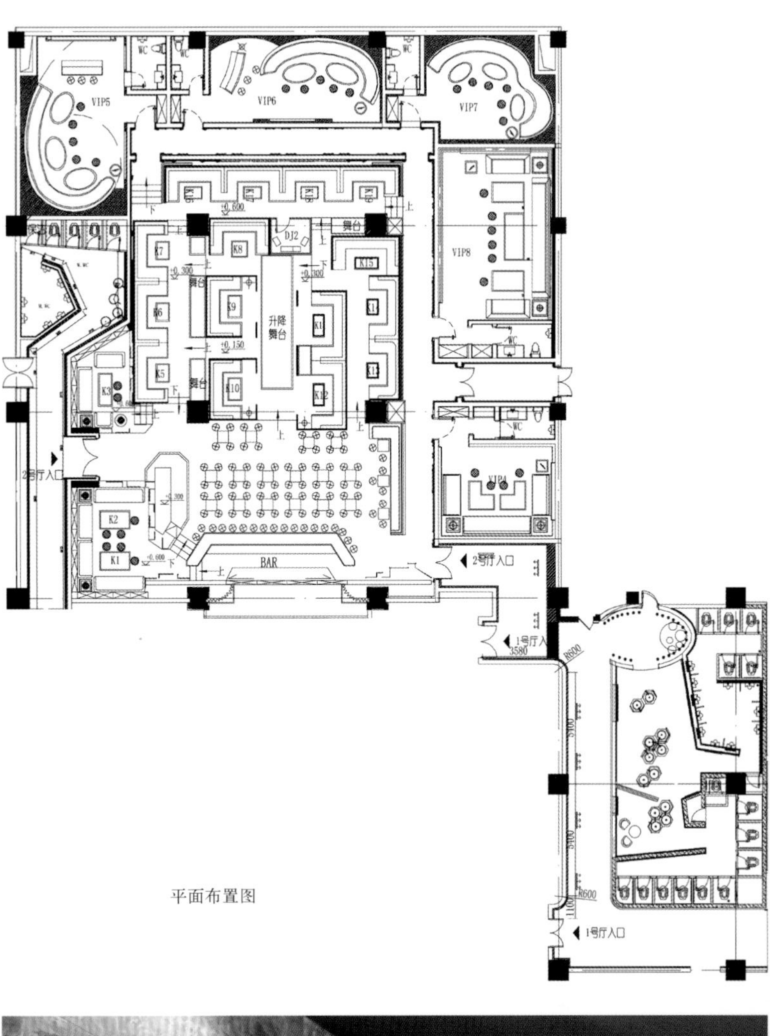

平面布置图

主案设计：
杨彬 Yang Bing
博客：
http:// 1011177.china-designer.com
公司：
柏盛国际设计(香港)顾问有限公司
职位：
董事、设计总监

奖项：
2009年中国（上海）国际建筑及室内设计节“金外滩奖”荣获入围奖
2011年中国照明应用设计大赛全国总决赛“优胜奖”
2011年深圳现代装饰“年度精英设计师奖”

项目：
正方元锦江国际饭店（五星级酒店）
中州国际饭店加盟店（五星级酒店）
弘润华夏大酒店（五星级酒店）
深圳麒麟山庄（五星级酒店）
长沙国际会展中心酒店（五星级酒店）
济南空军蓝天宾馆（五星级酒店）
越秀酒家（金水路店）（顶级餐饮）
皇宫大酒店（顶级餐饮）
中华国宴（顶级餐饮）
祥记、金堂鲍鱼（顶级餐饮）
新长安俱乐部（顶级餐饮、会
CBD皇家一号会所

郑东CBD皇家一号
Zhengzhou East CBD Royal 1

A 项目定位 Design Proposition
皇家一号的文化理念融合中西，以娱乐航母的规模打造郑州顶级休闲娱乐KTV空间，帝王享受引领潮流。

B 环境风格 Creativity & Aesthetics
有别于以往娱乐空间的光影变幻特色，以新颖离奇的宫廷风格和白金五星级酒店的设计理念进行全新的设计创造。

C 空间布局 Space Planning
本着以客为尊，空间奢华为主题，以最大的面积做最顶级的包间，突出以大为美的原则。

D 设计选材 Materials & Cost Effectiveness
透光的、不透光的玉石级的材料大量运用，纹理天然华贵，体现出本项目的奢华与品位。

E 使用效果 Fidelity to Client
在当地引起轰动效应，宾客大赞：顶级！超值！

Project Name_
Zhengzhou East CBD Royal 1
Chief Designer_
Yang Bing
Participate Designer_
Yan Zhijun
Location_
Zhenzhou Henan
Project Area_
10,000sqm
Cost_
80,000,000RMB

项目名称_
郑东CBD皇家一号
主案设计_
杨彬
参与设计师_
闫志军
项目地点_
河南 郑州
项目面积_
10000平方米
投资金额_
8000万元

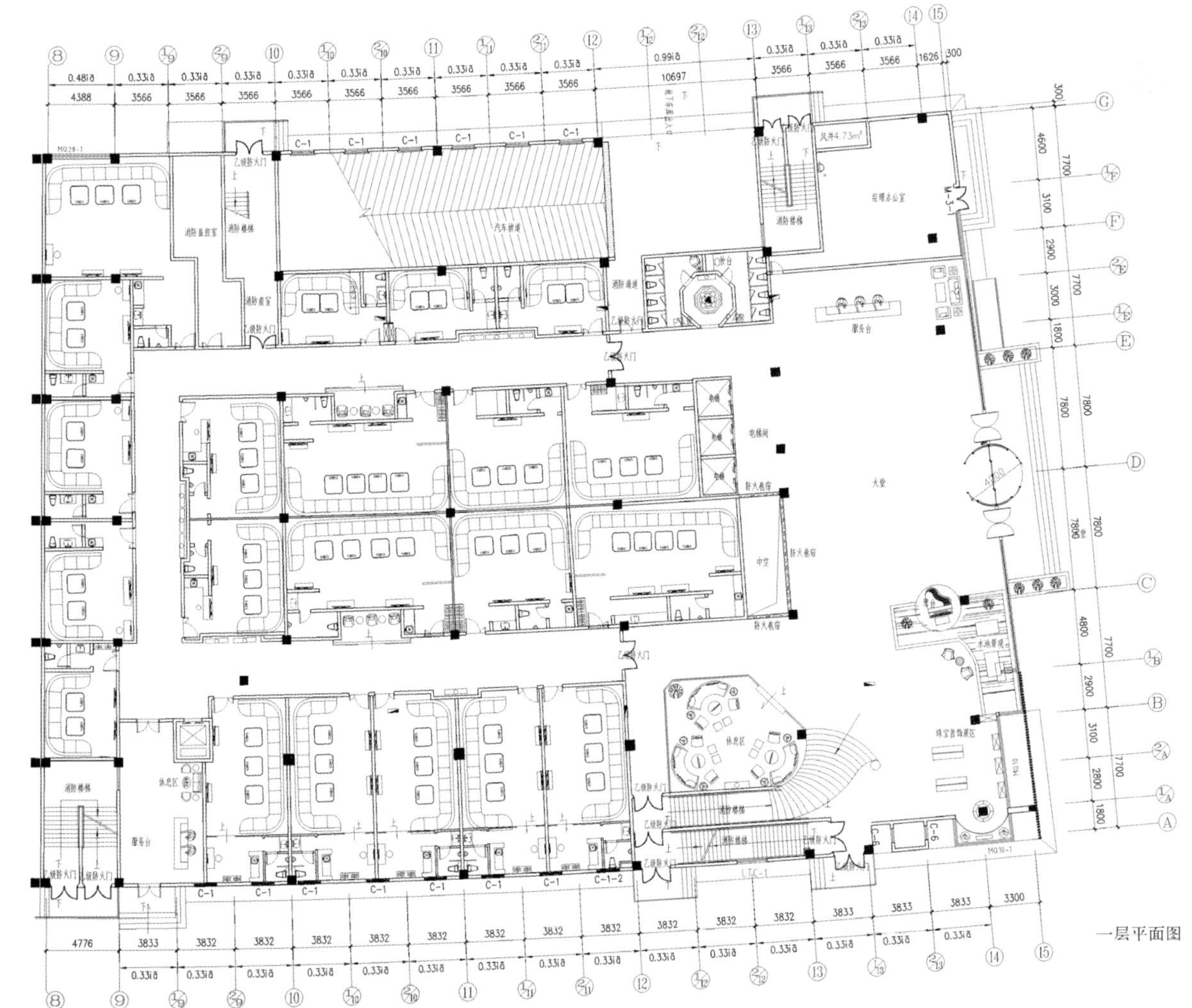

一层平面图

主案设计：
黄汇源 Huang Huiyuan
博客：
http:// 1012532.china-designer.com
公司：
广州市明团装饰设计有限公司
职位：
设计总监及法人代表

奖项：
第十八届APIDA提名十大（涟漪会）

项目：
东莞黄江镇美莱泰木业办公大楼
广州勤天集团办公室
明华集团办公室
广州涟漪会（Moment Bar）
广州倾城皇冠酒店及会所
广州市勤天智品上城销售中心
广州正佳万豪金殿销售中心
广州正佳万豪金殿多个户型样板房
广州勤天智品上城别墅样板房
佛山雅居乐私人别墅

广州市正佳朗匯会所
Lang-Club Guangzhou

A 项目定位 Design Proposition
广东在娱乐艺术性会所几乎是一片空白，在市场过于商业化的环境下，我们必须营造一个极具艺术价值并能长线发展的音乐艺术交流平台。

B 环境风格 Creativity & Aesthetics
朗汇就是新派岭南风格，把中式岭南风通过现代设计手法重新演绎。风格创新，概念震撼。

C 空间布局 Space Planning
巧妙运用中国园林布局手法，步移景迁、对景等手法，结合使用功能需求，分成动静几个功能区间。

D 设计选材 Materials & Cost Effectiveness
在设计材质上，大胆尝新使用了几种新产品，加厚透光机片，透光天然石材及粗面原木质感饰面，岭南瓷窗花电镀成不锈钢质感，青砖，压纹镀色不锈钢，各式编织肌理壁毯挂画，艺术水泥地面等，并通过创新的对比使用结合一起。

E 使用效果 Fidelity to Client
投入运营后，得到各大报刊的争相报道。

Project Name_
Lang-Club Guangzhou
Chief Designer_
Huang Huiyuan
Participate Designer_
Julian Cornu, Manuel Derler, Philippe Colin
Location_
Guangzhou Guangdong
Project Area_
1,800sqm
Cost_
20,000,000RMB

项目名称_
广州市正佳朗匯会所
主案设计_
黄汇源
参与设计师_
Julian Cornu, Manuel Derler, Philippe Colin
项目地点_
广东广州
项目面积_
1800平方米
投资金额_
2000万元

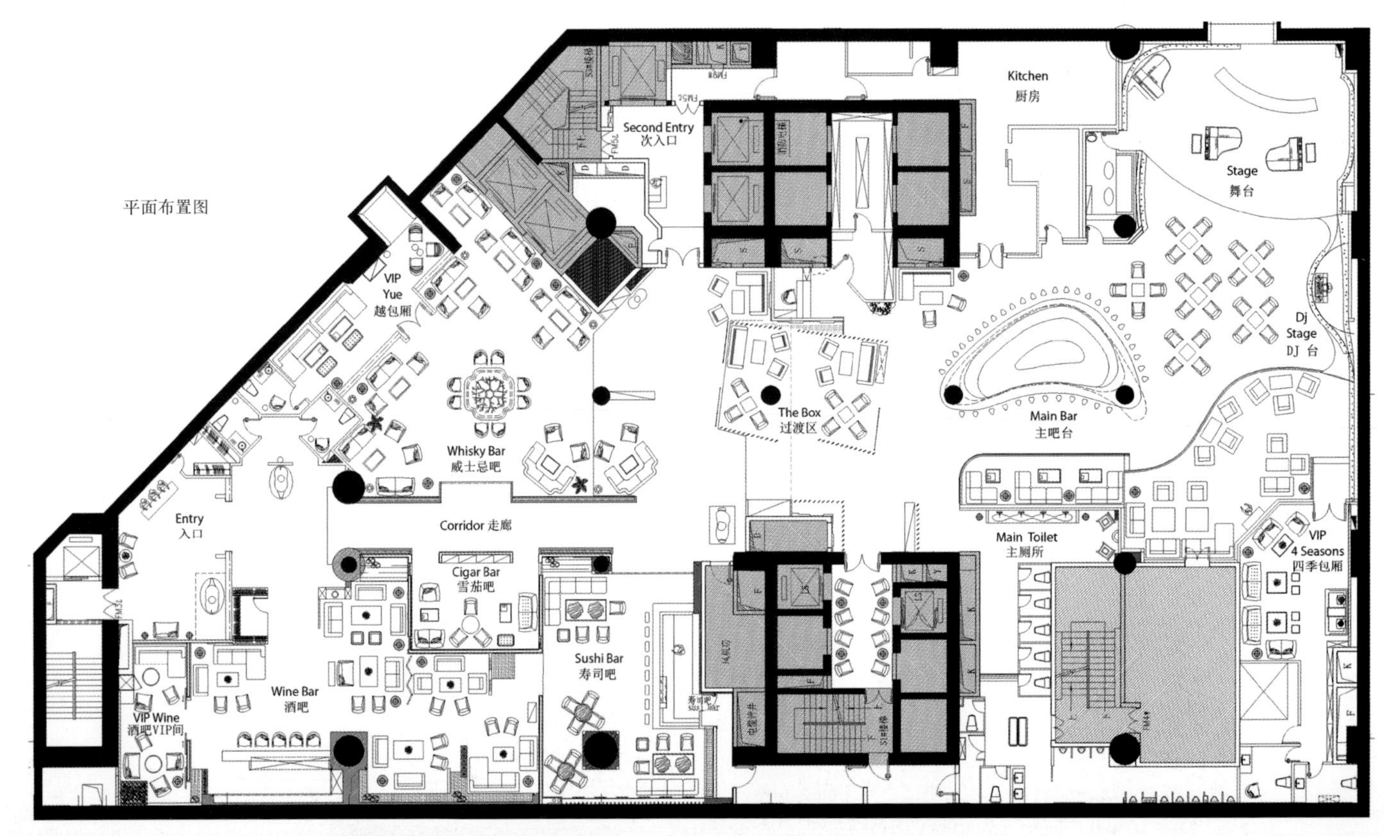

平面布置图

Lang Lang
PIANO
IGNED BY STE NWAY & SONS

LANG
CLUB

FIRST
TOASTINESS
WRAPPER
TOBACCO
ADDITION
AMOUNT
FLAVOR
AROUND

主案设计:
王建强 Wang Jianqiang
博客:
http:// 821835.china-designer.com
公司:
杭州金白水清悦酒店设计有限公司
职位:
总经理

奖项:
2006年浙江省优秀建筑装饰设计奖
2007年浙江省优秀建筑装饰设计奖
2008年浙江省优秀建筑 装饰设计奖
2009年浙江省优秀建筑装饰设计奖
2009年"照明周刊杯"中国照明应用设计大赛杭州赛区三等奖
2010年浙江省优秀建筑装饰设计奖
2010年"照明周刊杯"中国照明应用设计大赛杭州赛区二等奖
2011年浙江省优秀建筑装饰设计奖

项目:
杭州SOS酒吧　宁波丽歌量贩ktv　蝗家壹号连锁酒吧
杭州新锦绣娱乐会所　象山四季佳利酒店　南京锦秀3河会所
杭州嘉纳餐厅　杭州乔治V CLUB美发白马店
杭州大厦皇家公馆商务娱乐会所　重庆环球壹号娱乐会所
杭州新皇家永利国际娱乐会所　象山首府官邸国际娱乐会所

新钻石年代商务娱乐会所
New Diamond Age Business Recreation Club

A 项目定位 Design Proposition
商务会所性质的场所,体现出高雅轻松的氛围,市场定位为中高消费群体。

B 环境风格 Creativity & Aesthetics
我们认为夜总会装修前的设计是非常的重要的，不同的夜总会经营模式接待不同层次的顾客，设计要求也不尽相同。新钻石年的定位以商务接待为主，因此我们采用高贵典雅、简约大方、时尚奢华的装饰风格。

C 空间布局 Space Planning
通过经营模式的定位，对方案进行功能布局，娱乐气氛、装饰风格、灯光效果及施工建材，设计重点的确认，策划出该项目的整个设计方案。

D 设计选材 Materials & Cost Effectiveness
我们认为一个成功的夜总会必须要做到策划为先，设计为重，经营为主。三者必须相互结合才能成就一个成功的娱乐项目。

E 使用效果 Fidelity to Client
夜总会开业以来的经营业绩、业主对我们的认可程度以及每一位消费的客户给予我们的肯定，证实了我们在方案设计之前风格定位的准确性、设计手法的人性化、功能划分的合理性、经营理念的明确性。

Project Name_
New Diamond Age Business Recreation Club
Chief Designer_
Wang Jianqiang
Location_
Hangzhou Zhejiang
Project Area_
6,000sqm
Cost_
30,000,000RMB

项目名称_
新钻石年代商务娱乐会所
主案设计_
王建强
项目地点_
浙江 杭州
项目面积_
6000平方米
投资金额_
3000万元

主案设计：
谭哲强 Tan Zheqiang
博客： http:// 1013786.china-designer.com
公司： 香港H. D室内设计有限公司
职位： 设计总监
职称：
IDA 香港室内设计协会专业会员
IDA 国际注册资深室内设计师
IFDA国际室内装饰设计协会国际专业资深会员
CIID中国建筑学会室内设计分会会员
IAI亚太建筑师与室内设计师联盟资深会员
世界国际名牌国际理事会常务理事会员
美国IAU Master of Enviromental Design
奖项：
"广州东方会Vip Club"荣获2009年中国风-IAI亚太室内设计精英邀请赛酒吧类三等奖，中国饭店业设计装饰大赛-金堂奖 娱乐空间类铜奖
"唐会Vip Club"荣获 2009年 "INTERIOR DESIGN CHINA 酒店设计奖"优秀奖，2010年金羊.新锐杯珠三角室内设计锦标赛娱乐空间类铜奖
项目：
禅味　古韵悠然　流光魅影　星野坊CLUB
尖东演艺厅　黑色魅力　雍丽生活　网游世界
银河会　殴曼西餐厅　增城唐苑酒家

广州盛世歌城娱乐城

Prosperous Times Song City, Guangzhou

A 项目定位 Design Proposition

在令人眼花撩乱的繁杂设计及浓重的奢华风设计充斥整个娱乐设计的当下，设计师如摆脱以上设计影子，营造大气、品味、低调奢华的令人耳目一新娱乐空间成为设计重点。

B 环境风格 Creativity & Aesthetics

设计师巧妙地运用时尚巴洛克风格作为设计蓝本，以时尚界最钟爱的黑与白为主基调，营造一股利落率性的气质，但又截然不同于传统巴洛克的繁复。

C 空间布局 Space Planning

空间规划上，4米高的宽阔走廊，高达6米的气派大堂，5米高的豪华总统房，处处彰显豪华大气的皇家气派，再配以精心挑选的工艺品、软装饰，让整个项目充满人文艺术气息，创造出令人眼前一亮的独具魅力、高雅大气的娱乐贵族新空间。

D 设计选材 Materials & Cost Effectiveness

材质上，带有光泽质感的皮革、高贵典雅的绒布、高光亮感的烤漆、时尚旗舰店惯用的黑镜、晶莹璀灿的水晶，都让巴洛克晕染了时尚界的明亮艳丽；家具上，多种风格家具并陈，有个性化的法式家具、现代风格沙发，设计师以其对空间美学的敏锐感，混搭品牌家具、设计订制家具，把家具也当成艺术品般形塑当代时尚艺术空间。

E 使用效果 Fidelity to Client

盛世歌城，以全新的会所原创内涵，新娱乐主张的酣畅，渗透全新的设计理念并融合艺术和音乐的节奏，倾力打造商务无限沟通及抵人心的奢侈品质，打造当最今前沿时尚娱乐流行语言。

Project Name_
Prosperous Times Song City, Guangzhou
Chief Designer_
Tan Zheqiang
Location_
Guangzhou Guangdong
Project Area_
4,500sqm
Cost_
30,000,000RMB

项目名称_
广州盛世歌城娱乐城
主案设计_
谭哲强
项目地点_
广东 广州
项目面积_
4500平方米
投资金额_
3000万元

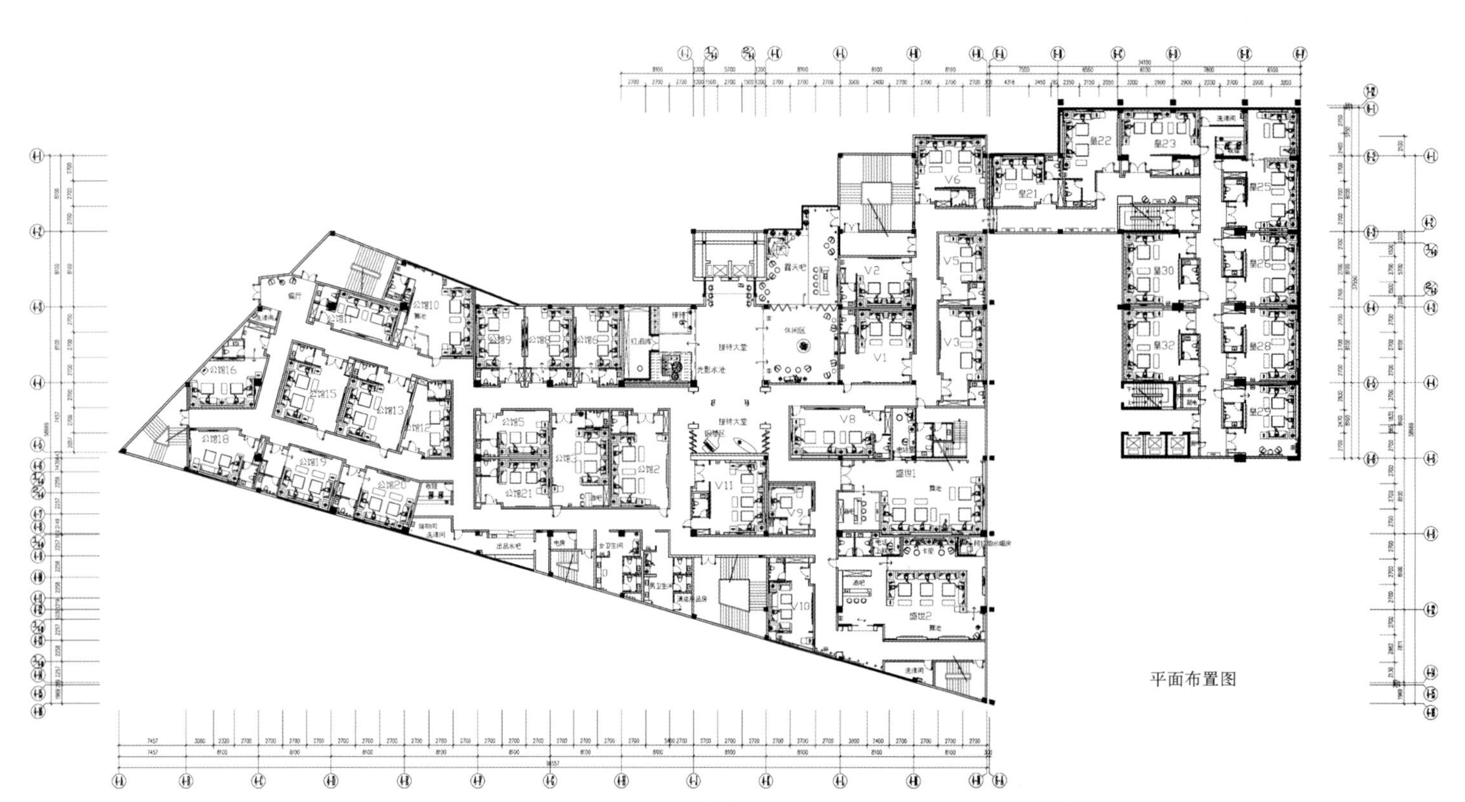

平面布置图

主案设计：

谭哲强 Tan Zheqiang

博客：http:// 1013786.china-designer.com

公司：香港H. D室内设计有限公司

职位：设计总监

职称：

IDA 香港室内设计协会专业会员

IDA 国际注册资深室内设计师

IFDA国际室内装饰设计协会国际专业资深会员

CIID中国建筑学会室内设计分会会员

IAI亚太建筑师与室内设计师联盟资深会员

世界国际名牌国际理事会常务理事会员

美国IAU Master of Enviromental Design

奖项：

"广州东方会Vip Club"荣获2009年中国风-IAI亚太室内设计精英邀请赛酒吧类三等奖，中国饭店业设计装饰大赛-金堂奖 娱乐空间类铜奖

"唐会Vip Club"荣获 2009年 "INTERIOR DESIGN CHINA 酒店设计奖"优秀奖，2010年金羊.新锐杯珠三角室内设计锦标赛娱乐空间类铜奖

项目：

禅味　古韵悠然　流光魅影　星野坊CLUB

尖东演艺厅　黑色魅力　雍丽生活　网游世界

银河会　殴曼西餐厅　增城唐苑酒家

广州凯旋门国际会所

The Triumphal Arch International Club, Guangzhou

Project Name_

The Triumphal Arch International Club, Guangzhou

Chief Designer_

Tan Zheqiang

Location_

Guangzhou Guangdong

Project Area_

2,500sqm

Cost_

18,000,000RMB

项目名称_

广州凯旋门国际会所

主案设计_

谭哲强

项目地点_

广东 广州

项目面积_

2500平方米

投资金额_

1800万元

A 项目定位 Design Proposition

摒弃昂贵的装饰材料，金碧辉煌的浮夸装饰风格，完全摆脱财大气粗的暴发户感觉，凯旋门国际会所为娱乐空间"奢华"二字作出了全新的定义演绎，"品味"为财富拥有者不可或缺，一如优美的躯体怎可以空泛灵魂，奢华易改，品味难求。

B 环境风格 Creativity & Aesthetics

整个项目设计中，每一个空间都先富于主体再搭配，从家具到装修到软件的细致搭配，让整个空间氛围形成优雅的奢华，让法式的小资情调充满会所的每个空间，体现内敛的奢华精细之美。

C 空间布局 Space Planning

整体的色彩运用比较素雅、明快，主体基调以米色为主，配以亮黑、浅灰增加对比，加以水晶钻饰拼花图案增加细节，体现低调优雅的品位。

灯光方面，均用色明亮，表达出古典婉约的气质配以点光源配合水晶装饰灯，令空间柔和却重点突出。

D 设计选材 Materials & Cost Effectiveness

材质搭配上，黑、白、灰相间的云石，亮白的钢琴漆、丝质的布料共同诉说一份优雅的经典。水晶珠帘灯饰、水晶银器和镜面饰品的大量运用，把原本不大的空间折射得更加宽阔明亮。

E 使用效果 Fidelity to Client

随处可见的花艺，色彩鲜艳让心萌动。

三层平面布置图

22

主案设计：
付养国 Fu Yangguo
博客：
http:// 1014945.china-designer.com
公司：
北京朗圣装饰设计策划机构
职位：
总经理、设计总监

奖项：

2007年获广州国际设计周－金羊奖中国华北区十大设计师

2008年获第七届中国国际室内设计双年展优秀奖

2009年获广州国际设计周－金羊奖中国百杰室内设计师

2010年获广州国际设计周－金羊奖2010中国低碳生活设计大奖

项目：

泉家居酒楼

老妈菜馆酒店

宫廷一号娱乐会所

糖果KTV

茶事会

宫廷一号娱乐会所

Palace One Enterpainment Club

A 项目定位 Design Proposition

抛去浮华，提升品质，把娱乐消费提高到一个高度，让人们有品位的去消费。

B 环境风格 Creativity & Aesthetics

在很低矮的空间里完成一个欧式设计，挑战了空间限制。

C 空间布局 Space Planning

在空间布局上采用“借用”“共生”手法，是最大创新点，如外墙使用玻璃幕墙，通过玻璃幕墙使门厅的形态成为室外的一个景观，使整个空间产生互生共容的效果。

D 设计选材 Materials & Cost Effectiveness

由于项目空间相对较小，所以选用咖镜马赛克和咖啡镜，起到丰富空间和空间幻化效果，红砖的使用更赋沉淀的厚重感。

E 使用效果 Fidelity to Client

在开业后被高端商业人士认可，成为本地区高端精品休闲娱乐会所。

Project Name_
Palace One Enterpainment Club
Chief Designer_
Fu Yangguo
Participate Designer_
Bai Xiaowei, Liu Da, Wang Guoqing, Zhang Duo, Si Hainan, Sang Shidong
Location_
Changchun Jilin
Project Area_
1,100sqm
Cost_
5,800,000RMB

项目名称_
宫廷一号娱乐会所
主案设计_
付养国
参与设计师_
白晓伟、刘达、王国庆、张铎、司海南、桑世东
项目地点_
吉林 长春
项目面积_
1100平方米
投资金额_
580万元

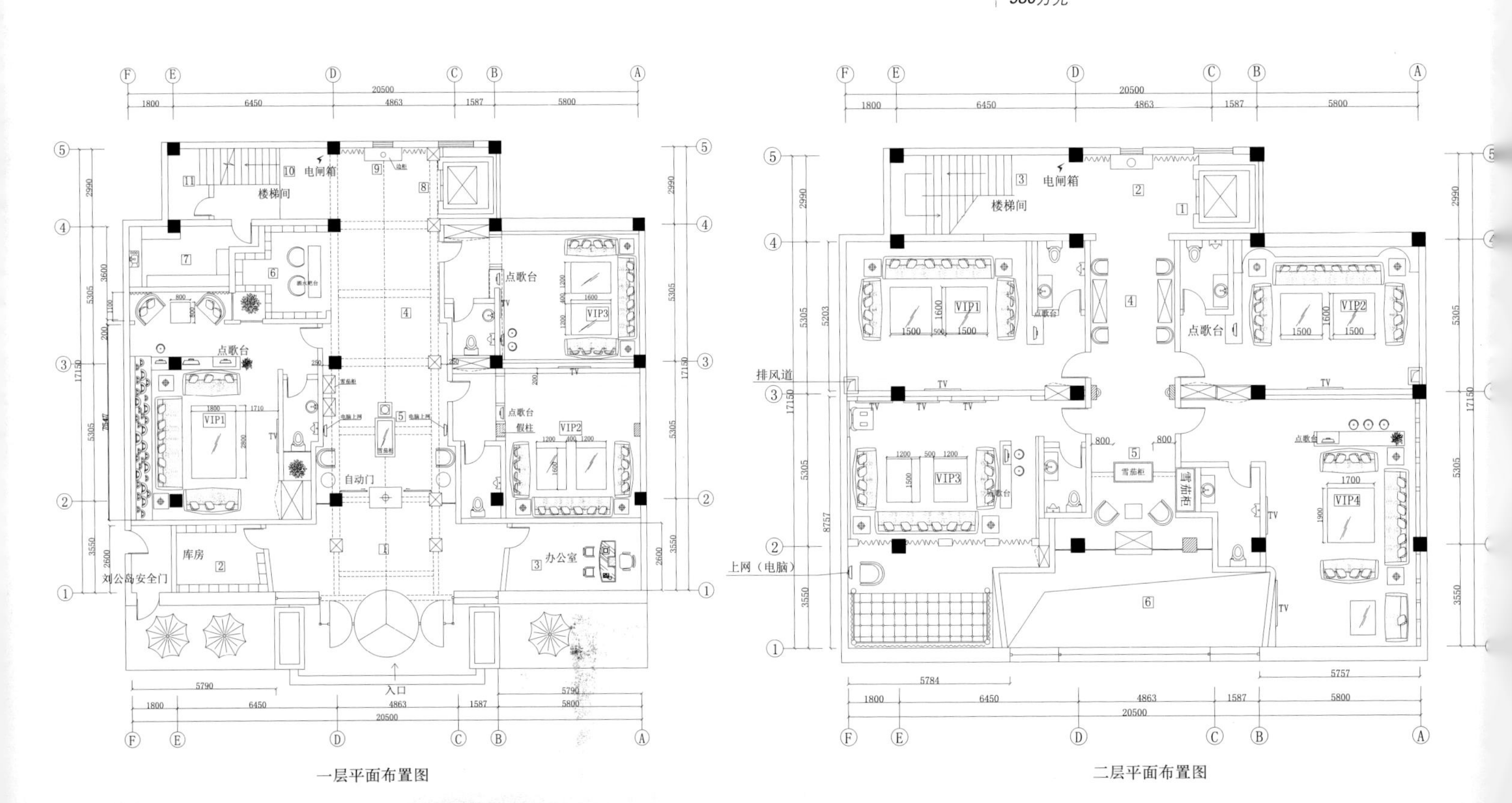

一层平面布置图

二层平面布置图

主案设计：
邓国熙 Deng Guoxi
博客：
http:// 1015174.china-designer.com
公司：
点子室内设计有限公司
职位：
设计师

奖项：
"福建宁德乐巢音乐会所获2010金堂 — 年度十佳娱乐空间设计大奖
河北不夜的传奇获2011金堂奖 – 年度优秀娱乐空间设计大奖
惠州壹号公馆获2011金堂奖 – 年度优秀娱乐空间设计大奖
百利•活态空间设计大奖 – 2011办公空间设计金奖

项目：
广东惠州方直黄金海岸
陕西西安银河国际会所
福建宁德音乐乐巢
惠州一号公馆
南湖国旅旗舰店
天河北Dadolac雪糕店

陕西西安银河国际会所
Galaxy Senior International Club, Xi'an

A 项目定位 Design Proposition
"银河"是人类一直追求探索的神秘空间，西安银河国际会所，利用"方原子"的连锁反应，构造出空间的神秘奢华之美。

B 环境风格 Creativity & Aesthetics
以"方"为原子，利用水平和垂直拉伸，形成"方之点"、"方之块"、"方之体"之间相互穿插的设计理念。

C 空间布局 Space Planning
设计以"方之点"形成会所里的星光大道、银河之花；以"方之块"形成重迭、穿插的星河幻像。

D 设计选材 Materials & Cost Effectiveness
以"方之体"形成空间的穿插交错的韵律，同时"点、块、体"之间亦相互联系，配以充满时尚感、艺术感的软装配饰设计，创造出与别不同的现代奢华空间。

E 使用效果 Fidelity to Client
西安银河国际会所，以"方之点"为星、"方之块"为地、"方之体"为家，以多次元的"银河"概念为体验者构建出一个变幻无穷、神秘美丽的唯美空间。

Project Name_
Galaxy Senior International Club, Xi'an
Chief Designer_
Deng Guoxi
Location_
Xi'an Shanxi
Project Area_
6,000sqm
Cost_
24,000,000RMB

项目名称_
陕西西安银河国际会所
主案设计_
邓国熙
项目地点_
陕西 西安
项目面积_
6000平方米
投资金额_
2400万元

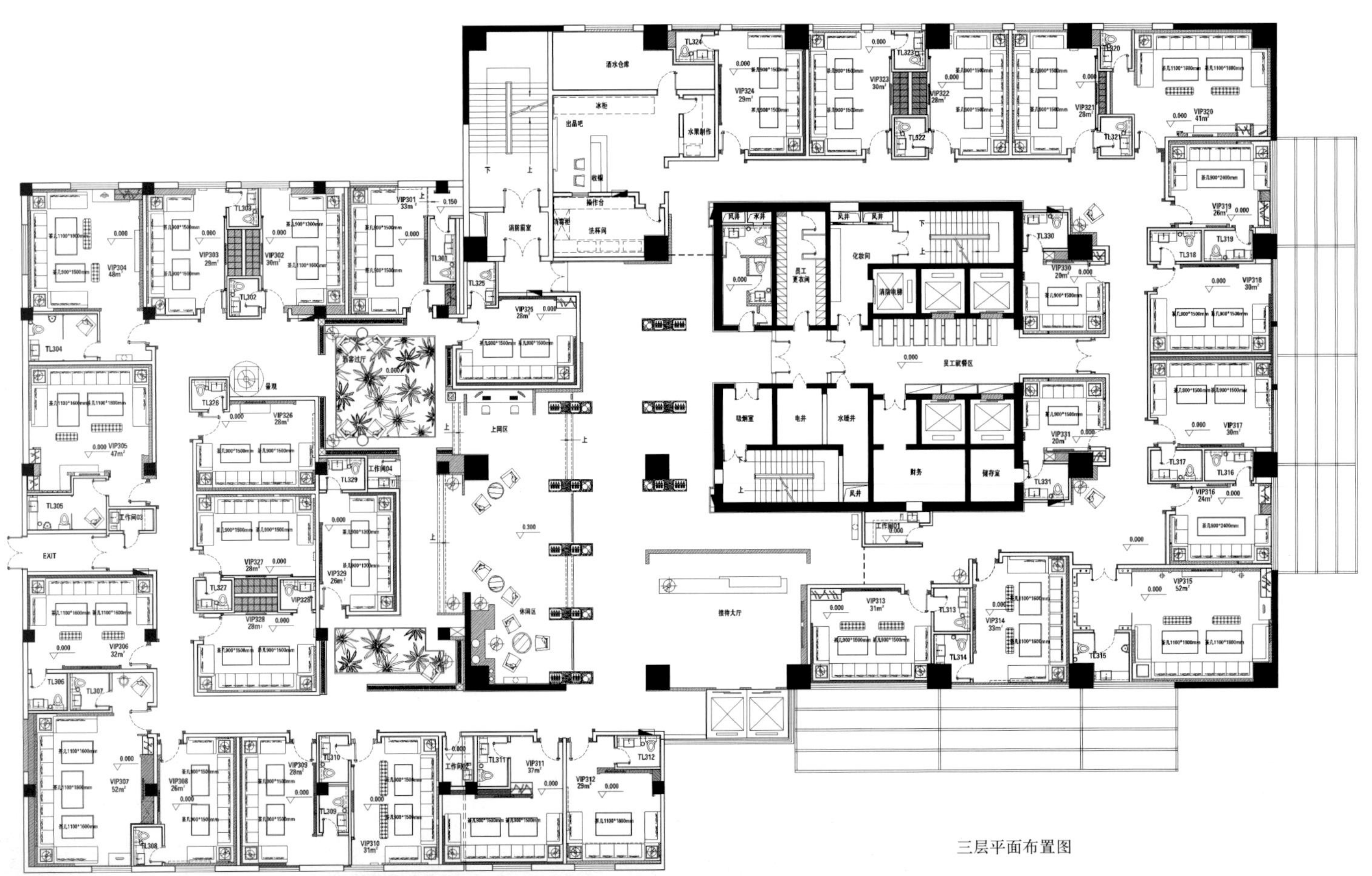

三层平面布置图

银河国际
会所

银河国际
至尊商务区

主案设计：
刘敏 Liu Min
博客：
http:// 1015236.china-designer.com
公司：
重庆奇墨装饰设计咨询有限公司
职位：
设计总监

奖项：
重庆市首届装饰设计师作品大赛（优秀作品奖）2002年
《TOP装潢世界》重庆十大新锐室内设计师 2009年
风尚《渝报》重庆首席室内设计师 2012年

项目：
蓝湖郡
保利高尔夫别墅
帝景名苑别墅
棕榈泉花园
重庆雨山前别墅
龙湖西苑
金科天湖美镇
金科小城故事
金科十年城
骏逸第一江岸

美侬美克酒窖
MELIONMIC Wine Celler

A 项目定位 Design Proposition
经过市场定位，业主与设计师共同选择了做出区别于传统酒庄的新式红酒酒窖。

B 环境风格 Creativity & Aesthetics
一般传统酒庄的风格比较古朴，不太适合目前附近人群的消费心理，因为客人多为中青年，设计师把现代时尚风格酒窖作为突破点，但重点注重红酒文化的延续与传播。

C 空间布局 Space Planning
入户酒窖大厅选择左右对称阵列酒架的方式，中间为收银台及形象墙。由于空间较高，设计师用钢架级混凝土搭出第二层楼。楼上为办公室及几个聚会的包间，为了让空间更有穿透性，包间采用通透式处理。

D 设计选材 Materials & Cost Effectiveness
红酒库是全玻璃结构，能完全看到酒品的储藏情况，为了保证酒的品质不受气候季节影响。整个酒库做到了恒温恒湿。大堂的展示酒架采用了黑镜不锈钢材料，极富现代感。

E 使用效果 Fidelity to Client
前几天设计师去拍照片的时候，听营业员说，自营业后每天都有很多客户来消费。就在拍照当天，设计师刚好碰到有人来酒窖询问谁设计的酒窖。她们准备在酒窖旁边开一家私房菜馆。

Project Name_
MELIONMIC Wine Celler
Chief Designer_
Liu Min
Location_
Beibu Chongqing
Project Area_
210sqm
Cost_
500,000RMB

项目名称_
美侬美克酒窖
主案设计_
刘敏
项目地点_
重庆市 北部新区
项目面积_
210平方米
投资金额_
50万元

美侬美克

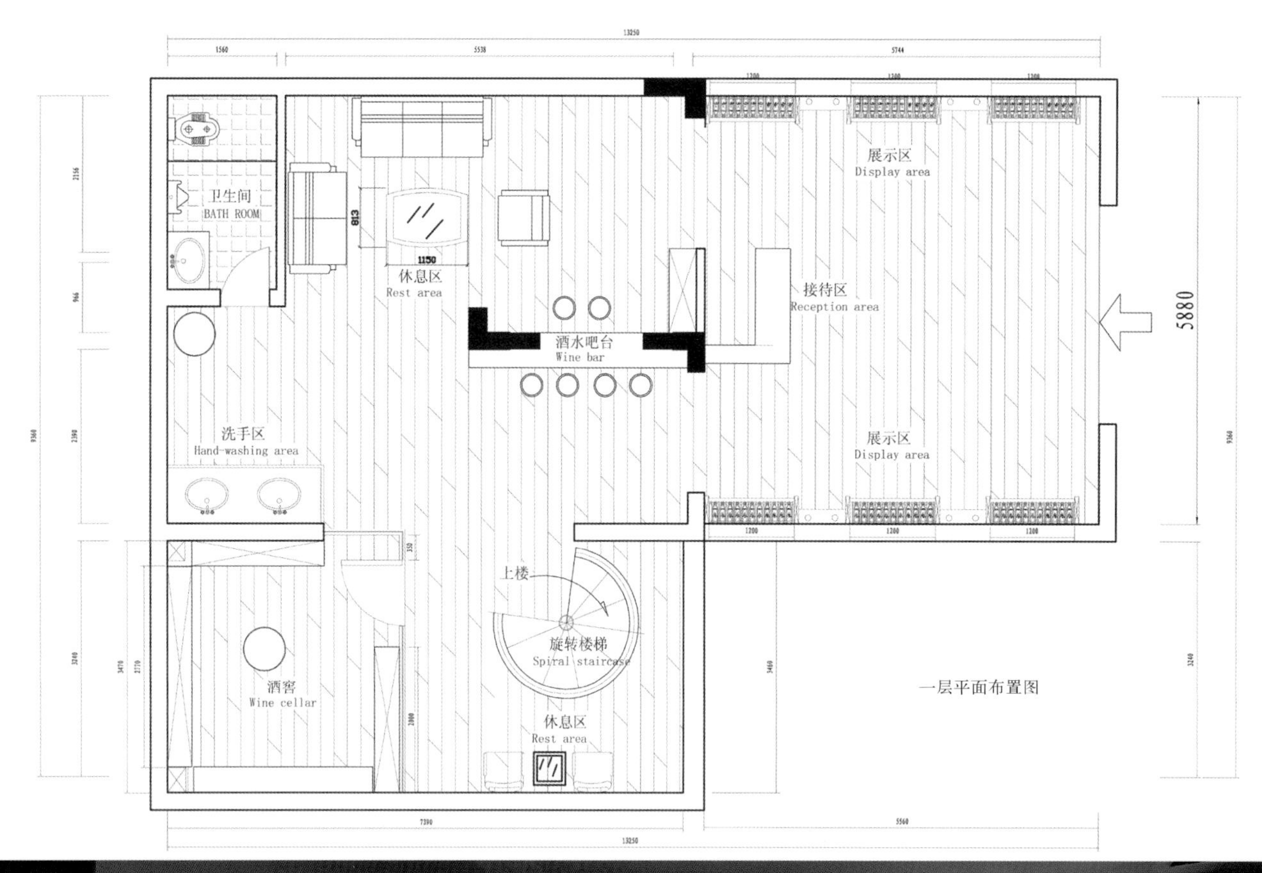
13250
1560
5538
5744
展示区
Display area
卫生间
BATH ROOM
813
1150
休息区
Rest area
接待区
Reception area
5880
酒水吧台
Wine bar
洗手区
Hand-washing area
展示区
Display area
上楼
旋转楼梯
Spiral staircase
酒窖
Wine cellar
休息区
Rest area
一层平面布置图
7390
5560
13250

AUSONE

Grands Crus Classés du Médoc en 1855

主案设计：
邹绍永 Zou Shaoyong
博客：
http:// 1015819.china-designer.com
公司：
丽江古格设计工作室
职位：
设计总监

项目：
汶川县羌文化街

丽江古城酒吧街神话酒吧
Lijiang Naxi Myths Show Bar

A 项目定位 Design Proposition

梳理纳西文化元素在商业环境中的共存关系，于建筑空间气质、环境表现细节、民俗服务特色等各方面区别与周边同类项目的主题表现的混乱与堆砌。

B 环境风格 Creativity & Aesthetics

围绕物业名称“神话”为主题，以中国神话的重要元素“龙”为核心表现元素，以龙年为时间轴线、纳西建筑中的龙头构件为地域坐标，完整呈现项目主题形象。

C 空间布局 Space Planning

以消费形式分区、以动线及高差形成剧场式空间布局层次。

D 设计选材 Materials & Cost Effectiveness

主要表现元素及配套均为当地纳西族、藏族、彝族的生活、生产工具用具进行再次创作，赋予新的表现力和功能，强调地域民族特色及独特肌理展示。

E 使用效果 Fidelity to Client

原项目重新设计改造前，日均营业收入以千元计算，新的设计和施工让此项目在表现效果上一越成为酒吧街最独特的标志性建筑立面，日均营业收入为改造前15倍。

Project Name_
Lijiang Naxi Myths Show Bar
Chief Designer_
Zou Shaoyong
Participate Designer_
Zhou Liang, Xie Li
Location_
Lijiang Yunnan
Project Area_
1,600sqm
Cost_
5,000,000RMB

项目名称_
丽江古城酒吧街神话酒吧
主案设计_
邹绍永
参与设计师_
周亮、谢利
项目地点_
云南 丽江
项目面积_
1600平方米
投资金额_
500万元

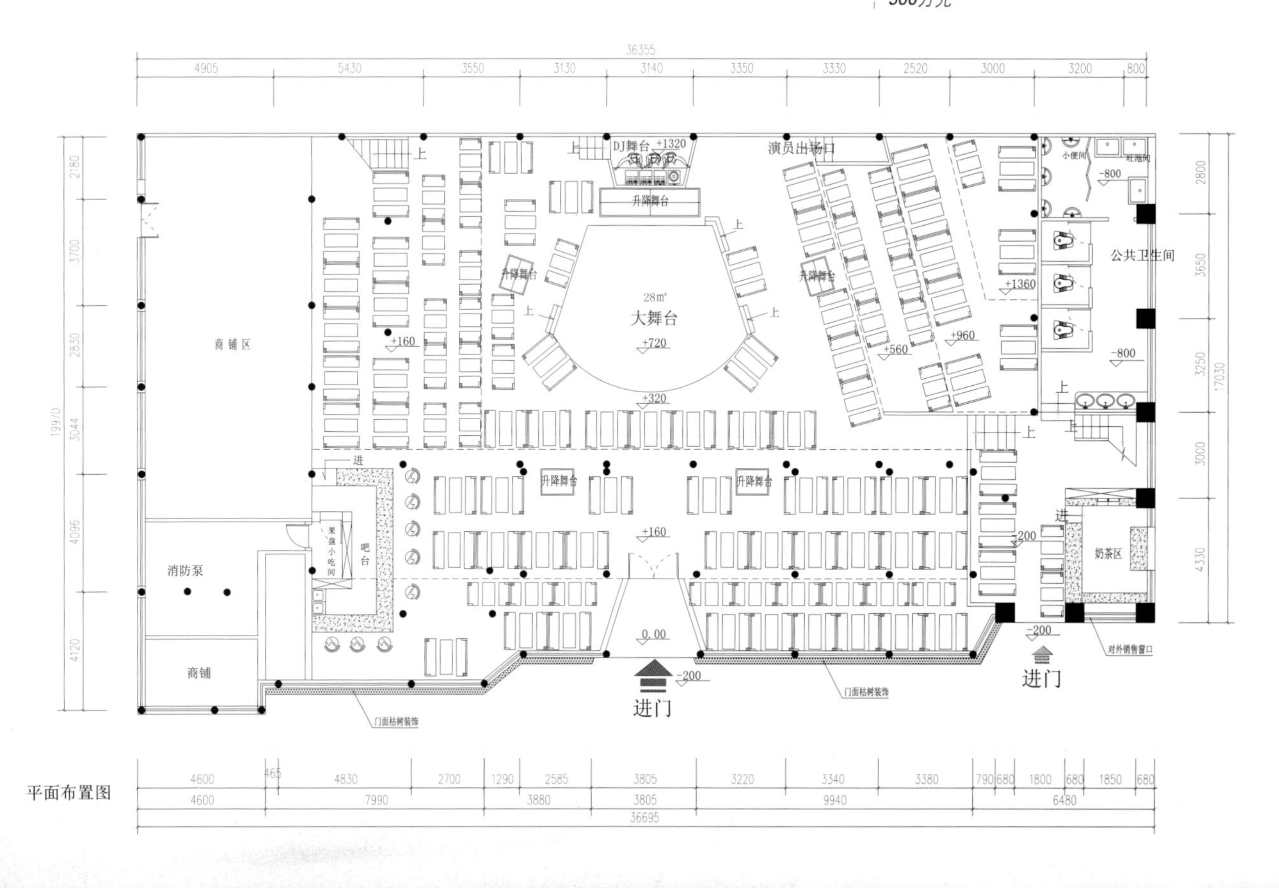

平面布置图

丽江纳西神话

《购物空间》
ISBN 978-7-5038-8710-9
定价：200.00 元

《酒店空间》
ISBN 978-7-5038-8709-3
定价：200.00 元

《办公空间》
ISBN 978-7-5038-8711-6
定价：200.00 元

《住宅空间》
ISBN 978-7-5038-8712-3
定价：200.00 元

《休闲空间》
ISBN 978-7-5038-8706-2
定价：200.00 元

《餐厅空间》
ISBN 978-7-5038-8713-0
定价：200.00 元

《别墅空间》
ISBN 978-7-5038-8707-9
定价：200.00 元

《娱乐空间》
ISBN 978-7-5038-8704-8
定价：200.00 元

《公共空间》
ISBN 978-7-5038-8708-6
定价：200.00 元

《样板间·售楼处空间》
ISBN 978-7-5038-8705-5
定价：200.00 元

图书在版编目（CIP）数据

娱乐空间 / 《名家设计系列》编委会编 . -- 北京 : 中国林业出版社 , 2016.9
（名家设计系列）
ISBN 978-7-5038-8704-8

Ⅰ . ①娱… Ⅱ . ①名… Ⅲ . ①文娱活动－公共建筑－建筑设计－图集 Ⅳ . ① TU242.4-64

中国版本图书馆 CIP 数据核字 (2016) 第 219991 号

中国林业出版社 · 建筑与家居出版分社

责任编辑：纪　亮　王思源
封面设计：吴　璠

出版：中国林业出版社（100009 北京西城区德内大街刘海胡同 7 号）
网站：http://lycb.forestry.gov.cn/
电话：（010）8314 3518
发行：中国林业出版社
印刷：北京利丰雅高长城印刷有限公司
版次：2016 年 10 月第 1 版
印次：2016 年 10 月第 1 次
开本：230 mm×287 mm，1/16
印张：11
字数：200 千字
定价：200.00 元